JN233222

基礎からの 無機化学

山村　博
門間英毅
高山俊夫
［著］

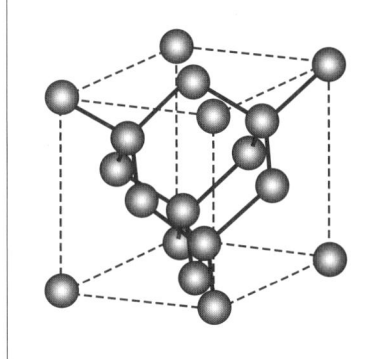

朝倉書店

執 筆 者

山村 博 (やまむら ひろし)	神奈川大学工学部物質生命化学科・教授	
門間 英毅 (もんま ひでき)	工学院大学工学部マテリアル科学科・教授	
高山 俊夫 (たかやま としお)	神奈川大学工学部物質生命化学科・専任講師	

（執筆順）

まえがき

　高校を終えて大学に入学してきた学生の諸君にとって，大学における種々の講義の中で無機化学に最も大きなギャップを感じているようである．確かに高校時代物理を勉強してきていない学生にとって，いきなり量子論や波動方程式などを導入し，原子の構造を理解しろという点に無理があることは否定できないであろう．一方，無機化学を担当する教員にとっても，有機化合物を除いた全ての化合物を対象とする無機化学をいかに系統的に教えるかということで頭を悩ませているのではないだろうか．このため，種々工夫された多くの無機化学の教科書が出版されていることは，無機化学分野に対して種々の切り口が可能であることを意味するものであろう．本書は無機化合物を支配している化学結合や構造をベースとして，無機化合物を普遍的に理解することに視点を置いて執筆したものである．また，本書は大学1，2年生を対象とし，高校を卒業した学生諸君がスムースに学習できる教科書にするため，以下の点に重点を置いている．

　1．入試の多様化のため，高校時で物理を履修しない学生をも考慮した内容とする．
　2．大学初年次における他の講義との重複をできるだけ避ける．
　3．無機化学は電気・磁気材料，セラミックス，触媒，錯体などを学ぶ上での基礎学問である．それゆえ，学生が進級後それらの分野で役に立つ内容とする．
　4．ボーアの理論（古典量子論）とシュレーディンガー方程式を分離して説明する．
　5．理解を深めるため，例題，計算例を多く取り上げるとともに，章末には演習問題を載せた．
　6．生活に密着した，身の回りの材料をできるだけ取り上げることにより，無機化学が身近になるよう工夫した．

　これらの重点項目を基本として，本書の内容を以下にまとめる．
　序章を設け，現代社会における化学の役割，エネルギーの概念，単位の意味や重要性を強調し，無機化学を学ぶための準備の章と位置づけている．
　第1章では量子論に至る歴史的事実をたどることにより，抵抗感を軽減しながら原子モデルを把握できるよう工夫した．バルマーの水素原子スペクトルに関するあざやかな解析を経て，ボーアの原子モデルによる水素のスペクトルに対する理論的な解釈は原子の構造を理解する第一歩となるであろう．その後のゾンマーフェルトの楕円軌道，ゼーマン効果などを通じて，量子数の概念が理解できよう．第2章では多電子原子について系統的に電子の配置の仕方を学ぶことにより，元素の周期性が理解できる．個々の元素の性質もまた，この電子配置を反映したものとなっている．したがって，元素や化合物の特性に関する詳細な解説は他書に譲ることとした．第3章では化合物を形成し，種々の特性を考察する際に基本となる元素の一般的性質であるイオン化エネルギー，電子親和力，電気陰性

度，酸化・還元，さらに物質の電気的性質の基礎である電場における誘電的性質を学ぶこととした．

　以上の準備を整えた上で，無機化学の本丸である化学結合を学ぶ．まず，第4章ではイオン結合に注目し，ボルン・ハーバーサイクルや格子エネルギーを学び，なぜ固体が結晶化するかを納得していただきたい．さらに純粋なイオン結合ではないが，双極子モーメントや水素結合の化学結合に及ぼす寄与を学ぶ．第5章では共有結合を説明するため，ここで初めて波動関数を導入して，種々の原子軌道の姿を明らかにしている．原子軌道をベースとして分子軌道の成り立ちを理解し，共有結合の本質を学ぶことにより，酸素の常磁性や結合の強さを理解するのに役立つであろう．第6章では単なる分子軌道では説明できない多原子分子に対して，混成軌道の考え方を導入することにより，その構造も含めて理解するとともに，錯体やキレート化合物についても適用できることを示している．さらに結晶場理論の導入は，錯体をはじめとする種々の化合物の磁気的性質を無理なく理解できよう．第7章では分子軌道の考え方を金属結合まで拡大することによって，バンド構造の成り立ちを学ぶことで，電気伝導性，半導性，あるいは絶縁性の違いを理解するとともに，コンピュータをはじめ生活と切り離せなくなっている半導体デバイスまで踏み込んでいる．無機材料の特性はその結晶構造に左右される場合が多いが，第8章では金属をはじめ，一見複雑に見える無機化合物の構造の成り立ちを，最密充填構造をベースに系統的に理解できるようまとめてある．原子核については多くの無機化学の教科書では触れていないケースが多いが，原子力の問題は現代生活の中で切り離すことのできない問題である．無機化学で取り上げないと，学生諸君は原子力の基本を学ぶ機会は永遠に失われることになるのではと危惧し，第9章で原子核の構造や放射性元素，および核反応に触れるとともに，それらに伴う巨大なエネルギーについて強調した．

　本書の編集・構成に際しては，朝倉書店編集部からも多くのアドバイスをいただいた．この場を借りて厚くお礼を申し上げる．

　2006年2月

執筆者代表　　山　村　　　博

目　　次

序章　無機化学を学ぶ前に ……………………………………………………………………1
　0.1　変身するエネルギー …………1　　0.3　単位系の変換 …………………4
　0.2　SI 基本単位 …………………3　　0.4　電気量の単位 …………………6

1　原子の構造 …………………………………………………………………………………8
　1.1　光と電子に関する波と粒子の二重性 ……8　　1.4　ボーアの原子モデル …………14
　　1.1.1　光の二重性 …………………8　　1.5　ゾンマーフェルトの理論 ……17
　　1.1.2　電子の二重性 ………………11　　1.6　ゼーマン効果 …………………19
　1.2　陰極線の発見とラザフォードの実験 ……12　　1.7　スピン量子数 …………………20
　1.3　水素の発光スペクトル ………13

2　多電子原子の特徴と系統的分類 ……………………………………………………………24
　2.1　多電子原子のエネルギー準位と電子配置
　　　　　　　　　　　　　　　　……24　　2.3.2　p ブロック元素 ……………34
　2.2　元素の系統的分類とその周期的特性 ……27　　2.4　遷移元素の特徴と代表的化合物 …39
　2.3　典型元素の特徴と代表的化合物 …………29　　2.4.1　主遷移元素（d ブロック元素）…39
　　2.3.1　水素元素と s ブロック元素 …29　　2.4.2　内遷移元素（f ブロック元素）…45

3　元素の化学的性質 ……………………………………………………………………………48
　3.1　原子半径およびイオン半径 …48　　3.5　酸化と還元 ……………………54
　3.2　イオン化エネルギー …………50　　3.6　電場における物質の挙動 ……58
　3.3　電子親和力 ……………………52　　3.6.1　分極現象と誘電率 …………58
　3.4　電気陰性度 ……………………53　　3.6.2　双極子モーメントとイオン結合性 …61

4　イオン結合 ……………………………………………………………………………………63
　4.1　ボルン・ハーバーサイクル …63　　4.3　双極子間相互作用と水素結合 …69
　4.2　格子エネルギーの計算 ………66

5　共有結合と分子軌道論 ………………………………………………………………………72
　5.1　波動方程式 ……………………73　　5.4　各種軌道の組み合わせによる分子軌道
　5.2　水素原子の波動関数と原子軌道の特徴　　　　　　　　　　　　　　　　……81
　　　　　　　　　　　　　　　　……75　　5.5　二原子分子の分子軌道 ………82
　5.3　分子軌道論 ……………………79

6 混成軌道と配位結合 87
- 6.1 混成軌道 87
- 6.2 配位結合と混成軌道 91
- 6.3 結晶場理論と磁気的性質 93
  - 6.3.1 八面体型6配位における結晶場理論 ... 93
  - 6.3.2 4配位における結晶場理論 97
  - 6.3.3 磁性の起源と磁性材料への展開 99

7 金属結合と電気伝導 104
- 7.1 金属結合の特徴 104
- 7.2 金属の電気伝導機構 105
- 7.3 半導体と絶縁体 106
- 7.4 半導体の電気伝導とその応用 108

8 金属および簡単な無機化合物の結晶構造 112
- 8.1 結晶構造と空間格子 112
- 8.2 金属の構造 113
  - 8.2.1 金属の構造の種類 113
  - 8.2.2 金属の単位格子の種類と充填率との関係 114
- 8.3 無機結晶の成り立ち 116
- 8.4 無機結晶の系統的理解 118

9 原子核の世界 124
- 9.1 原子核の構成 124
- 9.2 原子質量単位と原子量 127
- 9.3 質量欠損 127
- 9.4 原子核の崩壊 129
- 9.5 核反応 132

付録
1. 無機化合物の命名法 137
2. 固有の名称と記号をもつSI組立単位の例 ... 139
3. 10の整数乗倍を表すSI接頭語 140
4. 基礎物理定数の値 140
5. ギリシャ文字の読み方 140
6. 元素の電子配置 141
7. イオン半径 142

演習問題解答 145
索引 149

序章　無機化学を学ぶ前に

　無機化学を学ぶ目的は，原子構造の成り立ちを理解し，それに基づいて原子や分子の性質，種々の化学結合の意味，さらに結晶構造などを理解することである．しかし，原子の世界は我々が体験する日常生活とはまったく異なる世界であるため，山に登るときは登山服が必要であり，宇宙旅行には宇宙服が必要であるように，原子の世界を理解するには，あらかじめそれなりの準備が必要である．

　本章は，原子や分子の世界を理解するために必要なエネルギーの概念や単位についての基礎固めをする章と位置づけているので，本章の内容を十分理解し，原子や分子をベースとした無機化学の世界で落伍しないことを期待したい．

0.1　変身するエネルギー

　エネルギー（energy）とは蓄積された力学的仕事，あるいは仕事をなしうる能力として定義される．あらゆる種類のエネルギーは外部に対してする**仕事量**に換算して測定される．文明とは「このエネルギーを多種・多様に変化させて，生活に役立てる力」であるとも言い換えることができる．たとえば，高いところの水は大きい重力エネルギーをもっているが，これを落下させて得た運動エネルギー，石油を燃やして得た熱エネルギー，さらには核分裂で生じた膨大な核エネルギーなどにより，モータを回して電気エネルギーに変換している．また，その電気エネルギーを，掃除機や洗濯機を動かす機械エネルギー，部屋の照明のための光エネルギーなどに変換して利用している．一方，携帯機器のエネルギー源として化学エネルギーが使用され，これを電気エネルギーに変換して利用している．これは電池と呼ばれ，一次，二次電池，さらには燃料電池などが知られている．

　現代の学問の大半は何らかの形でこのようなエネルギー変換に関する課題と密接に関係している．化学の分野では化学変化，酸化・還元などには必ずエネルギー変化を伴うので，エネルギーは特に重要である．一方，文明の発達に伴って消費するエネルギーはますます増大する傾向にあり，化石燃料の枯渇が懸念されている現代において，エネ

ルギーへの認識を一層強くする必要があると思われる．

エネルギーは大きく分けて**ポテンシャルエネルギー**（potential energy）と**運動エネルギー**（kinetic energy）からなる．ポテンシャルエネルギーは相対的な位置関係によってのみ決まるエネルギーである．これには**重力エネルギー**（gravitational energy），帯電した物体間で働く**電気エネルギー**（electrical energy）などが含まれる．また，ある物質が組成変化するとき発生するような化学エネルギーは**自由エネルギー**（free energy）と呼ばれ，これは分子間または分子の一部との相互作用によって決まるのでポテンシャルエネルギーの一つと考えられる．

一方，運動している物体は，その質量を m，および速度を v とすると，$mv^2/2$ の運動エネルギーをもっていることになる．表 0.1 に代表的なエネルギーをまとめた．

表 0.1 代表的なエネルギーの形態

・重力エネルギー	mgh	m：質量，g：重力加速度，h：高さ
・バネエネルギー	$(1/2)kx^2$	k：バネ定数，x：変位量
・電気エネルギー（電位）	$Q/(4\pi\varepsilon r)$	Q：電気量，r：距離，ε：誘電率
	$(1/2)CV^2$	C：静電容量，V：電圧
・磁気エネルギー	$(1/2)LI^2$	L：自己インダクタンス，I：コイルの電流
・化学エネルギー	$G(=H-TS)$	H：エンタルピー，S：エントロピー
・運動エネルギー	$(1/2)mv^2$	m：質量，v：速度
・熱エネルギー	RT	R：気体定数，T：絶対温度
・光エネルギー	$h\nu$	h：プランク定数，ν：光の振動数

分子に近い例として，バネで結ばれた 2 つの球を考える（図 0.1）．この球を引っ張ると，バネは伸び，ポテンシャルエネルギーは増加する．バネの伸びを x，バネ定数を k とするとバネのエネルギーは $kx^2/2$ となる．球を放すと球は相互から近づき，運動エネルギーに変換されることになる．逆に球を押しつけてもポテンシャルエネルギーは増加し，手を放すとポテンシャルエネルギーは運動エネルギーに変換される．

実際の物質は，バネではなくて，正か負に帯電した粒子からなって

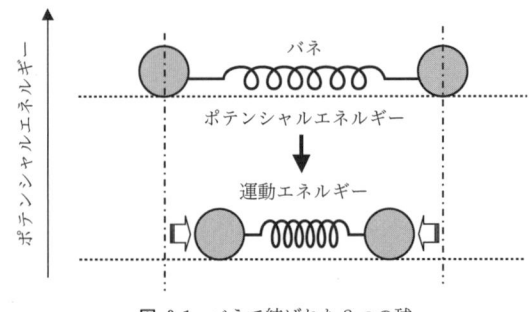

図 0.1 バネで結ばれた 2 つの球

いる．帯電粒子は，反対電荷のときは互いに引き付け合い，同じ電荷のときは反発し合うという**静電力**（electrostatic force）をもっている．そこで，負電荷から正電荷を引き離すのになされた仕事は帯電粒子のポテンシャルエネルギーの増加となる．

化学ポテンシャルエネルギーはすべての原子間における相対的な位置関係，および引力や斥力の結果として生じる．たとえば，燃料や食物は廃棄物や排泄物よりも高いポテンシャルエネルギー状態にある．すなわち，ガソリンがエンジンの中で燃えて，低いポテンシャルエネルギーの排気ガスとなる．このエネルギー変化が運動エネルギーに変換され，車を動かし，室内を暖め，光で照らすことになる．

エネルギーは新たに生まれたり，消滅したりするのではなく，単に変化するのみである．これは**エネルギー保存則**（conservation of energy）として知られ，ほとんど直感的に受け入れられているようである．しかし，放射性同位元素の発見に際して，エネルギー保存則が成り立たないのでは，と懸念された時期もあったが，逆にそのため「質量とエネルギーは同等である」というアインシュタイン（A. Einstein）の偉大な理論や β 崩壊に際して**ニュートリノ**（neutrino）の存在が予言され，実験的にも証明されるきっかけにもなっている．

0.2 SI 基 本 単 位

化学の世界ではミクロ，マクロ領域を問わず，化学反応，電気・磁気，光などに関する種々の物理量を扱うことになる．その際，取り扱う対象によって単位が異なる場合が非常に多いことに気づくであろう．それゆえ，実際の計算においても，どの単位系を用いて計算しているのかをしっかりと認識する必要がある．

1960 年の第 11 回国際度量衡総会で，**国際単位系**（Système Inter-

表 0.2 SI 基本単位

物 理 量	量の記号	単 位	単位の記号	定 義
質量(mass)	m	キログラム(kilogram)	kg	国際キログラム原器
長さ(length)	l	メーター(meter)	m	真空中の光が 299 792 458 分の 1 秒間に進む距離に等しい長さ
時間(time)	t	秒(second)	s	セシウム 133 原子の基底状態の 2 つの超微細準位間の遷移に対応する放射の 9 192 631 770 周期の継続時間
温度(temperature)	T	ケルビン(kelvin)	K	水の三重点の熱力学的温度の 273.16 分の 1
電流(electric current)	I	アンペア(ampere)	A	1 ボルトの電位差間を 1 オームの抵抗で結ぶときに流れる電流の大きさ
物質量(amount of substance)	M	モル(mole)	mol	0.012 kg の炭素 12 に含まれる原子と等しい数
光度(luminous intensity)	I_v	カンデラ(candera)	cd	周波数 540×10^{12} ヘルツの単色光を放出する光源の放射強度が 1/683 ワット毎ステラジアンである方向の光度

national d'Unités) としてメートル系を基本とする7つの**基本単位** (fundamental unit または base unit) 系 (表0.2)，および基本単位の組み合わせからなる**誘導単位** (derived unit) を使用することが決定された．これが現在主流となっているSI単位である．本書は主として国際単位系 (SI単位) を使用する．

物理量が基本単位より大きすぎる場合や小さすぎる場合には，10の整数乗倍を表す**SI接頭語**(decimal prefix)が使用される(付録3).

長さのSI基本単位はmであるが，たとえば生体細胞はμm (= 10^{-6} m)，また原子サイズにはnm (= 10^{-9} m) やpm (10^{-12} m)，さらに，非SI単位のオングストローム [Å] (= 10^{-10} m) などが用いられる．

体積のSI単位はm^{3}であるが，化学においてはむしろ非SI単位であるLやmLが用いられる場合がある．これらはSI単位と以下のように関係づけられる．

$$1\,L = 1\,dm^3 = 10^{-3}\,m^3$$
$$1\,mL = 1\,cm^3 = 10^{-3}\,dm^3 = 10^{-3}\,L = 10^{-6}\,m^3$$

物質の質量に関するSI基本単位はkgであるが，日常の生活の中ではgが用いられることが多い．

密度のSI単位はkg m^{-3}であるが，化学ではg cm^{-3}を使用するケースが多い．

$$1\,g\,cm^{-3} = \frac{10^{-3}\,kg}{(10^{-2}\,m)^3} = 10^3\,kg\,m^{-3}$$

また，基本単位から組み立てられたおもな誘導単位を付録2にまとめた．

0.3 単位系の変換

現代化学の領域は，単なる化学現象にとどまらず，電気，磁気，光学などあらゆる分野に関係しているため，非常に多くの単位を取り扱うことになる．そこで，代表的な単位について，それらの相互関係を調べる．

エネルギーのSI単位はジュールである．ここで，1**ジュール** (Joule：J) とは「物体に1**ニュートン** (Newton：N) の大きさの力が働いて，その物体を1**メートル** (meter：m) 動かすのに相当する仕事量」と定義されている．すなわち，

$$1\,J = 1\,N\,m = 1\,kg\,m^2\,s^{-2} \tag{0.1}$$

となる．一方，質量mの物体を加速度a [m s^{-2}] で動かしたときの力 (F) は，

> ### 「メートル」の移り変わり
>
> メートル法は 1790 年代にフランスで定められた．このときの定義は，「パリを通る北極から赤道までの子午線の長さの 10^7 分の 1」であった．しかし，実際には，その 10 分の 1 であるスペインのバルセロナから北フランスのダンケルクまでの距離を子午線に沿って精密測定を行って決めている．これを基に「メートル原器」がつくられるのであるが，その後いろいろ変遷を経て 1889 年に 90% の白金と 10% のイリジウムからなる「メートル原器」がつくられた．しかし，時代とともに精度の向上が求められ，1960 年には「クリプトン 86 の原子の準位 2p と 5d との間の遷移に対応する光の 1 650 763.73 倍に等しい長さ」と定義された．さらに 1983 年には「真空中の光が 299 792 458 分の 1 秒間に進む距離に等しい長さ」という定義に変更され，現在に至っている．

$$F = m \times a \quad [\mathrm{kg\,m\,s^{-2}} = \mathrm{N}] \tag{0.2}$$

となる．$F[\mathrm{N}]$ の力で距離 $d[\mathrm{m}]$ だけ動かしたとすると，物体になされた仕事 w は

$$w = F \times d \quad [\mathrm{kg\,m^2\,s^{-2}} = \mathrm{J}] \tag{0.3}$$

である．ここで，質量の単位を g とし，距離の単位を cm としたときの力の単位はダイン $[\mathrm{dyn} = \mathrm{g\,cm\,s^{-2}}]$ で，エネルギーの単位を**エルグ** $[\mathrm{erg}]$ という．したがって

$$1\,\mathrm{J} = 10^3\,\mathrm{g} \times (10^2\,\mathrm{cm})^2\,\mathrm{s^{-2}} = 10^7\,\mathrm{erg} \tag{0.4}$$

の関係が得られる．

カロリー（calorie：cal）は 1 g の水を 1℃ 上げるのに要するエネルギーと定義されているが，1948 年の国際度量衡会議の決定を受けて，ジュールを用いるようになっている．この場合，

$$1\,\mathrm{J} = 0.2389\,\mathrm{cal} \tag{0.5}$$

としている．

また，原子レベルのエネルギー単位に**電子ボルト**（electron volt：eV）がしばしば用いられる．この単位は 1 個の電子が 1 V の電位差で得られる運動エネルギーを意味する．そこで，eV 単位を J 単位に変換するには，1 個の電子の電荷は 1.60218×10^{-19} C であるから，

$$1\,\mathrm{eV} = 1.60218 \times 10^{-19}\,\mathrm{C} \times 1\,\mathrm{V} = 1.60218 \times 10^{-19}\,\mathrm{J}^*$$

となる．これを 1 mol 当たりに換算すると

$$1.60218 \times 10^{-19} \times 6.022 \times 10^{23} = 9.6485 \times 10^4\,\mathrm{J\,mol^{-1}}$$
$$= 96.485\,\mathrm{kJ\,mol^{-1}}$$

が得られる．

たとえば，Na 原子をイオン化するのに約 5 eV が必要であるというように，化学では数 eV のエネルギーを伴う場合が多い．

圧力の単位には，気圧 $[\mathrm{atm}]$，バール $[\mathrm{bar}]$（$10^6\,\mathrm{dyn\,cm^{-2}}$），水銀柱の高さ $[\mathrm{mmHg}]$ $[\mathrm{torr}]$ など種々知られているが，SI 単位はパスカル $[\mathrm{Pa}]$ $[\mathrm{N\,m^{-2}}]$ である．1 atm は 760 mm の水銀柱（0℃ の

*定義：1 C の電気量をもつ物質が 1 V の電位差の 2 点間を移動したときの仕事を 1 J とする．

■ 参考：気体定数の単位変換

1 mol の理想気体の状態方程式 $PV=RT$ も実はエネルギーと密接に関係している．気体の圧力 P と体積 V の単位をそれぞれ $\mathrm{N\,m^{-2}}$ と $\mathrm{m^3}$ で表せば，

$$P\,[\mathrm{N\,m^{-2}}] \times V\,[\mathrm{m^3}] = PV\,[\mathrm{N\,m}] \tag{0.6}$$

となり，これはまさに (0.1) 式から明らかなようにエネルギーそのものである．ところで，気体定数は $R=0.082056\,\mathrm{L\,atm\,deg^{-1}\,mol^{-1}}$ で与えられる場合が多い．ここで，$1\,\mathrm{L}=10^{-3}\,\mathrm{m^3}$ および $1\,\mathrm{atm}=101\,325\,\mathrm{N\,m^{-2}}$ を用いると，R は

$$R = 0.082056\,\frac{\mathrm{L\,atm}}{\mathrm{deg\,mol}} \times \frac{10^{-3}\,\mathrm{m^3}}{\mathrm{L}} \times \frac{101\,325\,\mathrm{N\,m^{-2}}}{1\,\mathrm{atm}} = 8.3143\,\mathrm{J\,deg^{-1}\,mol^{-1}} \tag{0.7}$$

が得られる．

密度：$13.5951\,\mathrm{g\,cm^{-3}}$）で表せる．これを Pa 単位に変換する．

$$1\,\mathrm{atm} = 0.76\,\mathrm{m} \times 13.5951 \times 10^3\,\mathrm{kg\,m^{-3}} \times 9.80665\,\mathrm{m\,s^{-2}}$$
$$= 1.01325 \times 10^5\,\mathrm{kg\,m\,s^{-2}\,m^{-2}}\,(=\mathrm{N\,m^{-2}}=\mathrm{Pa})$$
$$= 1\,013.25\,\mathrm{hPa}$$

0.4 電気量の単位

いまや化学分野といえども，電気との関係は避けては通れない．そこで電気の単位について理解を深めることは重要である．

1785 年にクーロン（C. A. Coulomb）が電荷間で働く力を見いだした．これは**クーロンの法則**（Coulomb's law）と呼ばれている．いま 2 つの電荷を q, q' とし，その距離を r とすると，電荷間に働く力 F は

$$F = \frac{qq'}{k_e r^2} \tag{0.8}$$

と書ける．ここで k_e は比例定数で帯電体の周囲の物質に依存する量である．式 (0.8) において，q および k_e の単位は任意に決めることができるので，どちらかの単位を基準にしなければならない．

そこで，まず真空中での k_e を基準に考える．真空中で単位距離（1 cm）だけ離れた位置に同種類の電荷を等量おいたとき，その斥力が 1 dyn であるなら，このときの電荷を 1 **静電単位**（electrostatic unit : esu）と定義する．

一方，q の単位を基準とした場合を考える．すなわち，電荷 q の単位に**クーロン** [C]，距離 r と力 F の単位に，それぞれメートル [m]，ニュートン [N] を用いる．このとき，k_e はどんな値になるか検討しよう．いま，真空中に 1 C の電荷を 1 m の距離だけ離しておいたとすると，電荷間の力は式 (0.8) から，

$$F = \frac{1}{k_e}\,[\mathrm{N}] = \frac{10^5}{k_e}\,[\mathrm{dyn}] \tag{0.9}$$

となる．次に，これを静電単位系で計算する．この場合，1 C= 2.9979×10^9 esu の関係があり，距離は 100 cm であるから，力 [dyn] は

$$F=\frac{(2.9979\times10^9)^2}{10^4} \quad (0.10)$$

となる．ここで不思議なことに，2.9979×10^9 は光の速度の 10 倍に相当する値である．すなわち，光速度を c とすると，$10c$ となる．式 (0.9) と (0.10) から，k_e は

$$k_e=\frac{1}{8.9876\times10^9}\ \text{C}^2\,\text{N}^{-1}\,\text{m}^{-2} \quad (0.11)$$

と求められる．さらに $k_e=4\pi\varepsilon_0$ とおくと，

$$\varepsilon_0=\frac{k_e}{4\pi}=8.857\times10^{-12}\,\text{C}^2\,\text{N}^{-1}\,\text{m}^{-2} \quad (0.12)$$

となる．この ε_0 がいわゆる**真空の誘電率**（permittivity of vacuum）である．そこで，電荷をクーロン単位で表したときの，クーロンの法則は以下のように表せる．

$$F=8.9876\times10^9\frac{qq'}{r^2}=\frac{1}{4\pi\varepsilon_0}\frac{qq'}{r^2} \quad (0.13)$$

以上からわかるように，電荷の単位が静電単位なのか，クーロン単位なのかで扱う数式が変わってくるので注意すべきである．また，クーロン単位系から静電単位系に変換するには，ε_0 のところに $1/4\pi$ を入れればよいことになる．

【演習問題】

1． 単位の変換に関する以下の問題を解け．
1) 128 pm の銅原子の半径を nm 単位で表せ．
2) バリウム原子の半径は 2.22×10^{-10} m である．これを Å 単位で表せ．
3) 6 ft 10 in の高さのバスケットボールの選手は cm 単位でいくらになるか．

2． 円周が 32.5 mm，質量が 4.20 g のスティール製のボールがある．このボールの密度を計算せよ．

3． 質量 900 kg の自動車が速さ 40 km h^{-1} で走行している．
1) このときの自動車の運動エネルギーは何 J か．
2) この自動車が 60 km h^{-1} まで加速されたとき，自動車がなされた仕事は何 J か．
3) 60 km h^{-1} の速さの自動車にブレーキをかけて止まるまでになされる仕事は何 J か．

4． 断熱容器に 20°C の水 100 g が入っている．この水を消費電力 100 W の電熱線で加熱する．水の比熱を 4.2 J g^{-1} K^{-1} として，以下の問いに答えよ．
1) 10 s 間に発生する熱量は何 J か．
2) 水の温度を 60°C まで上げるのに何 s かかるか．

1 原子の構造

　原子の世界は私たちが日常目にしている世界と異なり，ごく微少な世界である．現在，原子は原子核とその周囲を回っている電子からなっていることは誰でも知っているが，どのようにしてこの構造を明らかにできたのであろうか．本章では種々の実験を通して原子の構造が明らかになる過程を追跡しながら，原子の成り立ちについて学ぶことにする．

1.1 光と電子に関する波と粒子の二重性

　目に見える可視光線は X 線，マイクロ波およびラジオ波などと同じ**電磁波**（electromagnetic wave）の一種である．図 1.1 に示すように，すべての電磁波は互いに直交する電場ベクトルと磁場ベクトルが振動しながら空間を進むエネルギーであると考えられている．それゆえ，電磁波は波動モデルを用いて表すことができる．この波動モデルにしたがえば，なぜ虹が見えるのか，なぜ虫眼鏡で物が拡大できるのか，なぜ水中の物がひずんで見えるのか，などという身の回りで生じる現象を理解することができる．一方，光電効果やコンプトン効果などは波動モデルでは説明できなかったが，光の粒子モデルを用いて明らかにすることができた．さらに，粒子と考えられた電子もまた回折や干渉という波動の性質を示すことも明らかになっている．

　原子，分子の構造や性質を調べるには，電磁波と電子間の相互作用を利用することが一般的であり，本書でも至る所で光と電子との関係が出てくるので，この節では光や電子のもつ波動と粒子の二重性について学ぶこととする．

1.1.1 光の二重性
a. 光の波動性

　光を電磁波と考えたとき，その電磁波は相互に関係する**振動数**（frequency）（ν）と**波長**（wave length）（λ）の 2 つの変数で決まる波動である（図 1.1）．振動数（ν）は 1 秒当たりのサイクル数で，単位はヘルツ［$Hz = s^{-1}$］である．波長（λ）とは，波が 1 サイクルの

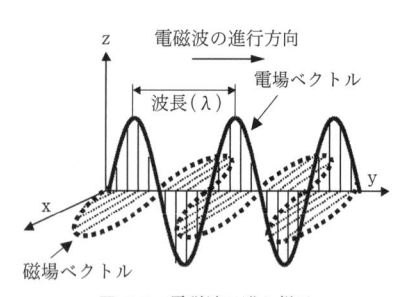

図 1.1 電磁波の進む様子

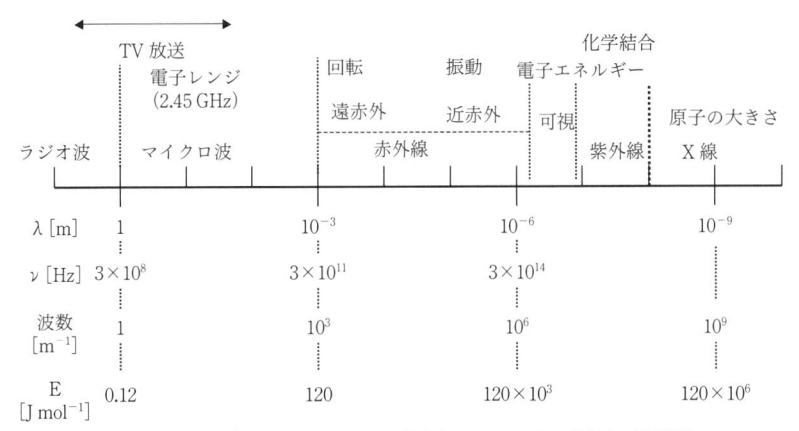

図1.2 生活や自然現象にかかわる電磁波のエネルギー（波長，振動数）

間に進む距離で，単位は m である．波の速さは単位時間に進む距離であり，振動数に波長を掛けたものである．真空中の電磁波の速度は $2.99792458 \times 10^8 \text{ m s}^{-1}$ と一定値を示し，これを**光速度**（speed of light：c）という．λ と ν の間には

$$c = \nu \times \lambda \tag{1.1}$$

の関係がある．

波の特性を示すもう1つの変数に波の高さを表す**振幅**（amplitude）があるが，電磁波の場合は強度，すなわち明るさに対応している．

図1.2に身の回りの生活や自然現象にかかわる電磁波の波長やエネルギーをまとめた．

図1.2からもわかるように生活に利用される電磁波の波長は数十 m から 10^{-10} m の広範囲にわたっている．この中で，**可視光線**（visible radiation）は赤色の $\lambda = 750$ nm から紫色の $\lambda = 400$ nm までの，ほんの 350 nm の波長範囲にすぎない電磁波である．可視光線よりも長い波長は**赤外線**（infrared），短い波長は**紫外線**（ultraviolet）と呼んで区別している．また，家庭の調理で使用される電子レンジでは $\lambda = 0.10$ m，携帯電話で $\lambda = 1$ m 程度の電磁波を利用している．

【例題1】 $\lambda = 0.10$ m の電磁波の振動数を計算せよ．

[解]

$$\nu = \frac{c}{\lambda} = \frac{3.00 \times 10^8 \text{ m s}^{-1}}{0.10 \text{ m}} = 3.00 \times 10^9 \text{ s}^{-1} = 3.0 \text{ GHz}$$

光が波の性質をもつことは，**屈折**（refraction）現象や**回折**（diffraction）現象を示すことで証明され，これらの性質は結晶構造を決定するのに有力な X 線回折などに利用されている．

b. 光の量子化と粒子性

固体の物体が約 1000 K まで加熱されると，可視光を放射し始め，

1500 K で光は明るいオレンジ色に，2000 K 以上では電球のフィラメントのように白色に輝くようになる．この光の強度と波長の関係は古典的電磁波理論では説明できなかった．

1900年プランク（M. Planck）は，放射された光のエネルギー E が $h\nu$ の整数倍の値，すなわち飛び飛びの値しか取りえないという，エネルギーに関するまったく新しい概念を導入することにより，エネルギー分布を説明することに成功した．すなわち光のエネルギーは，

$$E = nh\nu \quad (n = 0, 1, 2, 3, \cdots) \tag{1.2}$$

で表された．このようにエネルギーが連続でなく，飛び飛びの値に限定することをエネルギーの**量子化**（quantization）という．また，比例定数 h は後に**プランク定数**（Planck constant）と呼ばれ，

$$h = 6.6260755 \times 10^{-34} \text{ J s}$$

である．さらに，$\nu = c/\lambda$ の関係から，

$$E = hc(1/\lambda) = hc\bar{\nu} \tag{1.3}$$

が得られる．ここで，$\bar{\nu}$ は波長の逆数で，**波数**（wave number）と呼ばれ，単位は m^{-1} である．すなわち，光のエネルギーは振動数や波数に比例する．

一方，光が粒子の性質を併せもつことは，光電効果やコンプトン効果によって実証された．以下，光電効果について説明する．

金属や金属酸化物などの固体表面に光を当てると，その表面から電子が飛び出すことが知られ，この現象は**光電効果**（photoelectric effect）と呼ばれている．またこの飛び出した電子を**光電子**（photo electron）という．この効果は

1) 照射する光の振動数がある値以上でないと，電子は放出されない
2) 放出された電子のエネルギーは光の振動数に比例するが，強度には無関係である

などの特徴を示している．振動数 ν の単色光を照射したとき，飛び出した電子の最大運動エネルギー $mv^2/2$ は ν との間で，以下のような関係が成り立つことが見いだされた．

$$mv^2/2 = h\nu - \Phi \tag{1.4}$$

ここで，h はプランク定数である．また，Φ は固体表面から電子が飛び出すために必要なエネルギーで，**仕事関数**（work function）と呼ばれる．すなわち，振動数 ν の光は $h\nu$ のエネルギーをもった粒子として振る舞うことを意味し，それゆえ，**光子**（photon）と呼ばれる．図1.3(a) にこの原理を示し，図1.3(b) にアルカリ金属に関する光電効果を示す．

【例題2】 波長 500 nm の光について，波数，振動数，エネルギーを

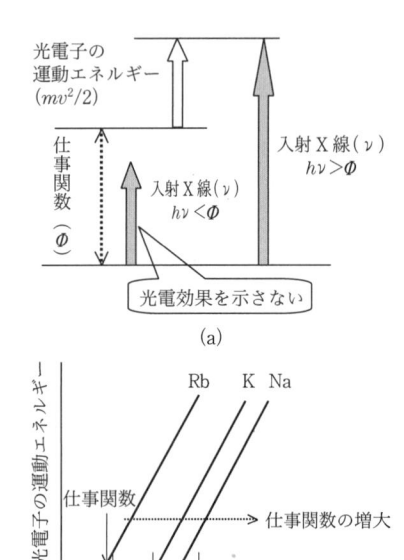

図 1.3 光電効果：原理(a)，アルカリ金属の光電効果(b)

計算せよ．

[解] ・波数（$\bar{\nu}$）

$$\bar{\nu}=1/\lambda=1/500\times10^{-9}\,\text{m}=2.00\times10^{6}\,\text{m}^{-1}$$

・振動数（ν）

$$\nu=c/\lambda=3\times10^{8}\,\text{m s}^{-1}/500\times10^{-9}\,\text{m}=6.0\times10^{14}\,\text{s}^{-1}$$

・光子1個のエネルギー（E）

$$E=h\nu=6.6260755\times10^{-34}\,\text{J s}\times6.0\times10^{14}\,\text{s}^{-1}$$
$$=3.976\times10^{-19}\,\text{J photon}^{-1}$$

1 mol 当たりのエネルギー

$$3.976\times10^{-19}\times6.02\times10^{23}=2.393\times10^{5}\,\text{J mol}^{-1}=239.3\,\text{kJ mol}^{-1}$$

1.1.2 電子の二重性

1905年アインシュタインは物質とエネルギーは同じものの異なった形態であると考え，有名な $E=mc^2$ の関係を提案している．これは，エネルギーがある質量 m の物質と同等であることを意味するものである．

一方，ド・ブロイ（L. de Broglie）は，光が粒子の性質を示すならば，逆に電子も波のように振る舞うのでは，と考えた．そこで，$E=mc^2$ と波長が λ の光子のエネルギー $E=hc/\lambda$ を関係づけた．ここで，電子の速度は光の速度と異なるので，電子の速度を v とすると，

$$\lambda=\frac{h}{mv} \qquad (1.5)$$

が得られる．これが**ド・ブロイの式**として知られる関係式で，この波は**物質波**（matter wave），波長は**ド・ブロイ波長**（de Broglie wave length）と呼ばれている．しかも，ド・ブロイは，この式が単に電子のみならず，すべての運動する物体に当てはまると考えた．

もし電子が波の性質をもつならば，回折や干渉現象を示すはずである．そこで1927年デヴィッソン（C. Davisson）とガーマー（L. Germer）は電子ビームをニッケルの結晶に当てたところ，ニッケルに特有の回折パターンを得ることができた．この実験によってド・ブロイの式の正当性が証明された．現在，この実験は電子線回折や中性子線回折として，結晶の構造解析に利用されている．

ド・ブロイの式をある波長の光子に適用すると，光子に対して質量と速度の積である運動量（p）を計算することができる．式（1.5）の粒子の速度 v のかわりに光速度 c を用いると

$$\lambda=\frac{h}{mc}=\frac{h}{p} \quad \text{すなわち，} \quad p=\frac{h}{\lambda} \qquad (1.6)$$

が得られる．式（1.6）は，波長の短い光はより大きい運動量をもつ

ことを意味している．

【例題 3】 50 m s^{-1} で運動する水素分子に伴う物質波の波長を計算せよ．

［解］
$$\lambda = \frac{6.6261 \times 10^{-34} \text{ J s}}{2 \times 10^{-3} \text{ kg mol}^{-1}/6.022 \times 10^{23} \text{ mol}^{-1} \times 50 \text{ m s}^{-1}} = 3.99 \times 10^{-9} \text{ m}$$

1.2 陰極線の発見とラザフォードの実験

1800年代ドルトン（J. Dalton）は原子説を提唱し，原子が組み合わさって分子をつくると考えた．その後，電気の研究者たちは，真空のガラス管中に金属電極を封入し，電流を流したところ，リンでコートしたガラス管の端が光ることを発見した．これはある「光線」が陰極から出ていることから，**陰極線**（cathode ray）と名づけた．その後，この陰極線は負に帯電した粒子であることがわかり，**電子**（electron）と呼ばれている．

1898年トムソン（J. J. Thomson）らは，電子の質量(m)/電荷(e)比を測定し，$m/e = 5.686 \times 10^{-12}$ kg C^{-1} を得た．1909年ミリカン（R. Millikan）は彼の考案した油滴実験から，電子の電荷は $e = -1.602 \times 10^{-19}$ C であり，したがって，電子の質量は $m = 9.109 \times 10^{-31}$ kg であることを明らかにした．電子が最も軽い元素である水素原子の1/1000よりも軽いことは，原子より小さい粒子の存在を意味する．そこで，トムソンは，原子は正に帯電した重い物質中に，質量の軽い，負に帯電した電子が散らばって存在するという原子モデルを提案した．

1906年ラザフォード（E. Rutherford）らはRaから放射される正電荷をもつα粒子（Heの原子核）を金箔に照射する実験を試みた．彼は，トムソンの原子モデルが正しいならば，ほとんどのα粒子は金箔をそのまま通り抜け，ごくわずかな粒子だけが少し進路を曲げるくらいだろうと予想した．しかし，予想に反していくつかのα粒子の中には，ときには90°以上の角度で曲がるα粒子の存在がみとめられた（図1.4）．この実験事実から，彼は金原子中に，密度が高く，正電荷を帯びた微粒子が存在し，その静電力によって少数のα粒子が反発されたと考えた．すなわち，原子は飛び飛びに質量が集中した正の電荷をもつ**原子核**（nucleus）と，それを取りまく電子からなると推定した．このラザフォードの実験により，本来の原子構造の把握に大きく近づくこととなった．

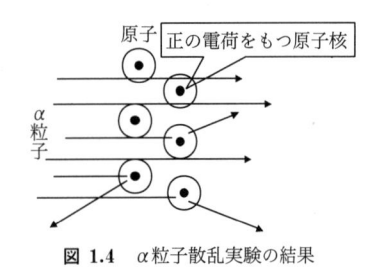

図 1.4 α粒子散乱実験の結果

1.3 水素の発光スペクトル

19世紀の終わりには原子が熱的，あるいは電気的に励起されると光を吸収したり，放射したりする現象は知られていたが，その理由はわからなかった．

1885年バルマー（J. J. Balmer）は水素放電管を用いて，図1.5のような硬質ガラス管の両端にニッケル電極を封入し，管内を排気した後，数 mm Hg の水素ガスを導入した．この放電管の両端に数千ボルトの電圧をかけると，不連続な線スペクトルが得られた．しかも，このスペクトルは元素に固有であることも判明した．

水素からの光をプリズムで分光すると図1.6のような線スペクトルが現れ，その波長は 656, 486, 434, 410 nm と求められた．バルマーはこれらのスペクトルの波長が次式のような一般式で表せることを見いだした．

$$\lambda = \frac{n^2}{n^2-4}G \tag{1.7}$$

ここで n は正の整数 $3, 4, 5, \cdots$ であり，G は一定値 364.56 nm である．

さらに波数（$\bar{\nu}$）を導入すると，

$$\frac{1}{\lambda} = \bar{\nu} = \frac{4}{G}\left(\frac{1}{2^2} - \frac{1}{n^2}\right) \quad (n \geq 3) \tag{1.8}$$

となる．これは**バルマー（Balmer）系列**と呼ばれている．また，式(1.8)において $4/G = R$ とし，$\lambda = 656, 486, 434, 410$ nm に対して，それぞれ $n = 3, 4, 5, 6$ を代入して R を求めた結果，$R = 1.0972 \times 10^7 \mathrm{m}^{-1}$ の一定値が得られた．その後，紫外領域や赤外領域でも，同様のスペクトルがいくつも発見され，それぞれ**ライマン（Lyman）系列**や**パッシェン（Paschen）系列**と名づけられた．しかもこれらの系列は次式で示されるように，同じ R を用いた類似式で表せることが判明した．

・ライマン系列：紫外部

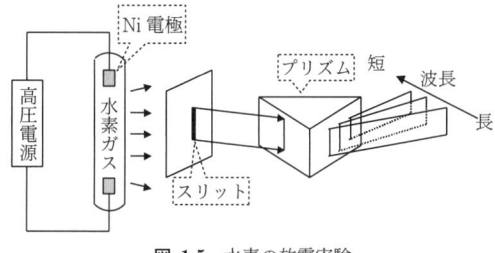

図 1.5　水素の放電実験

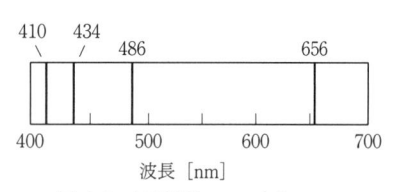

図 1.6　水素原子のスペクトル

$$\frac{1}{\lambda} = R\left(\frac{1}{1^2} - \frac{1}{n^2}\right) \quad (n \geq 2) \tag{1.9}$$

・パッシェン系列：赤外部

$$\frac{1}{\lambda} = R\left(\frac{1}{3^2} - \frac{1}{n^2}\right) \quad (n \geq 4) \tag{1.10}$$

リュードベリ（J. R. Rydberg）はこれらを次のような一般式で表した．

$$\frac{1}{\lambda} = R\left(\frac{1}{n_1^2} - \frac{1}{n_2^2}\right) \quad (n_2 > n_1) \tag{1.11}$$

ここで，R は**リュードベリ（Rydberg）定数**と呼ばれ，$R = 1.097373 \times 10^7 \, \text{m}^{-1}$ である．また，次節で示すように，n は原子のエネルギー準位を示す値であることが明らかになった（図1.9参照）．

1.4 ボーアの原子モデル

ボーア（N. Bohr）の提唱した原子構造に関するモデルは，ラザフォードの原子モデルにプランクの量子仮説を適用することによって，水素の原子スペクトルに関するバルマーの式を理論的に説明することに成功した画期的なものである（1913年）．

ボーアはラザフォードの研究室で研究しているとき，古典的電磁気論には相容れない次の3つの仮定によって，水素の線スペクトルを説明できると考えた．

1) 水素原子の電子は，核の周りを一定の軌道で安定に回っていると考え，この状態を**定常状態**（stationary state）と名づけた．
2) 電子が定常状態に存在するとき，原子はエネルギーを放出しない．すなわち，電子が同じ軌道内を運動している限り，エネルギー変化はない*．
3) 原子がある定常状態から別の定常状態に移るときのみ，そのエネルギー差に相当する光を放射したり，吸収したりする．これは以下のように表せる．

$$E_{\text{photon}} = |E_{\text{state A}} - E_{\text{state B}}| = h\nu \tag{1.12}$$

この条件を**ボーアの振動数条件**という（図1.7）．

以上の仮定に基づき，具体的にボーアの議論を展開する．質量 m の電子が半径 r，速度 v で水素の原子核の周りを高速で回っていると考えると，核と電子の間で静電力（クーロン力）と遠心力が働く（図1.8）．

$$\text{クーロン力} = e^2/4\pi\varepsilon_0 r^2 \tag{1.13}$$

$$\text{遠心力} = mv^2/r \tag{1.14}$$

ここで，クーロン力と遠心力がつり合っていると考えると，式

*電気を帯びた粒子が回転運動すると，その粒子は電磁波を出しながらエネルギーを失うと同時に回転半径は小さくなり，ついには原子核とくっついてしまうという古典電磁気学と矛盾する．

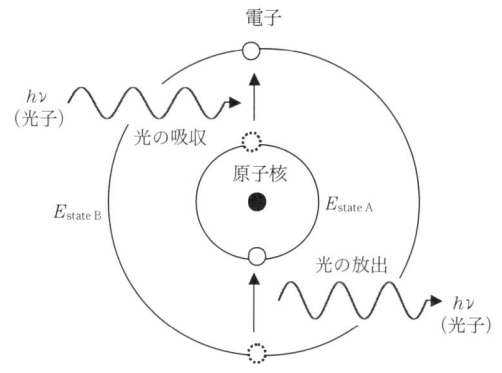

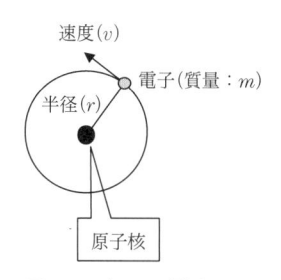

図 1.7 光子の吸収や放射に伴うエネルギーレベルの変化

図 1.8 ボーアの原子モデル

(1.13), (1.14) より

$$4\pi\varepsilon_0 mv^2 r = e^2 \tag{1.15}$$

の関係が得られる.

a. 量子化条件の導入

ド・ブロイの考え方（1.1.2 項）にしたがうと，電子は運動量に応じた物質波を伴うため，定常的に電子が原子核の周りを回転するには，円周は波の波長の整数倍でなければならない．なぜならば整数倍でないとすると，干渉によって電子は一定の軌道を保ちえないことになる．これは

$$2\pi r = n\lambda \tag{1.16}$$

と書かれる．式 (1.16) にド・ブロイの式 (1.5) を代入すると

$$2\pi r = n\frac{h}{mv}$$

となり，この式を変形すると

$$2\pi mvr = nh \tag{1.17}$$

が得られる．式 (1.17) は，**角運動量**（mvr）を 2π 倍した値がプランク定数 h の整数倍だけ許される（**量子化条件**）ことを意味している．式 (1.15) と (1.17) から，原子軌道の半径は次式を用いて計算される.

$$r = \frac{\varepsilon_0 h^2}{\pi me^2} n^2 \tag{1.18}$$

式 (1.18) は，原子核の周りを回転する電子の軌道は n の 2 乗に比例した，飛び飛びの不連続な半径しか取りえないことを示す．これを**ボーアの円軌道**と呼んでいる．ここで，$n=1$ のときの半径を r_1 とすると，半径 r_n に対して，

$$r_n = r_1 n^2 \tag{1.19}$$

が得られ，この r_1 を特に**ボーア半径**（Bohr radius）といい，a_0 で表す．式 (1.18) を用いると，a_0 は 5.292×10^{-11} m (52.92 pm) とな

【例題 4】 式 (1.18) を用いて，ボーア半径を実際に計算せよ．
[解]
$$a_0 = \frac{8.8542 \times 10^{-12} \times (6.6261 \times 10^{-34})^2}{3.142 \times 9.10939 \times 10^{-31} \times (1.6022 \times 10^{-19})^2} = 5.292 \times 10^{-11} \text{ m}$$

b. ボーア軌道の電子のエネルギー

電子の全エネルギーは運動エネルギー ($mv^2/2$) と電気的ポテンシャルエネルギー ($-e^2/4\pi\varepsilon_0 r$) の和で与えられるので，式 (1.15) から，全エネルギーは次式のように書ける．

$$E = \frac{1}{2}mv^2 - \frac{e^2}{4\pi\varepsilon_0 r} = -\frac{e^2}{8\pi\varepsilon_0 r} \quad (1.20)$$

この式の r に対して式 (1.18) を代入すると，

$$E_n = -\frac{me^4}{8\varepsilon_0^2 h^2 n^2} = -R'\frac{1}{n^2} \quad (1.21)$$

が得られる．式 (1.21) の n は整数値であるから，原子核の周りを回る電子のエネルギーは，半径と同様に飛び飛びの不連続な値になることを示している．この n は**主量子数** (principal quantum number) と呼ばれ，水素原子のエネルギーを決定する因子である．さらに $n=1, 2, 3, 4$ の電子軌道はそれぞれ **K**，**L**，**M**，**N** 殻と呼ばれている．この様子を図 1.9 に示す．

いま，式 (1.21) を用いて $n=1$ のときのエネルギーを計算すると，

$$E_1 = -2.180 \times 10^{-18} \text{ J electron}^{-1} = -1313 \text{ kJ mol}^{-1}$$

が得られる．マイナスの符号はエネルギー的に安定であることを意味している．逆に，1313 kJ mol^{-1} のエネルギーを電子に与えることによって，電子を原子から無限大の遠くまで離すことができる．この値がまさに水素のイオン化エネルギー (3.2 節参照) に相当する．

電子のエネルギーレベルが n_1 から n_2 に変化したときのエネルギー差 (ΔE) は，式 (1.21) を用いると

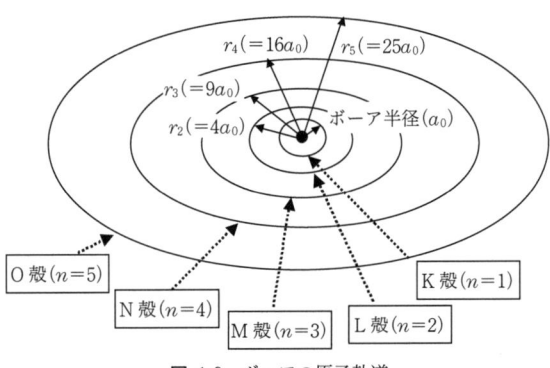

図 1.9 ボーアの原子軌道

$$\varDelta E = (E_2 - E_1) = -R'\left(\frac{1}{n_2^2} - \frac{1}{n_1^2}\right) \quad (1.22)$$

となる．ここで，$\varDelta E = h\nu = hc/\lambda$ の関係から，

$$\frac{1}{\lambda} = \frac{\varDelta E}{hc} = -\frac{R'}{hc}\left(\frac{1}{n_2^2} - \frac{1}{n_1^2}\right) \quad (1.23)$$

が得られる．式 (1.23) が示すように，n_1 と n_2 の大小によって，波長に ± の符号がつくことになるが，マイナス符号はその光の波長に相当するエネルギーの放射であり，プラス符号は逆に吸収を表すと考えればよい．また式 (1.23) はまさにリュードベリが提案した式 (1.11) と一致していることがわかる．そこで式 (1.23) の R'/hc を具体的に計算する．

$$\begin{aligned}\frac{R'}{hc} &= \frac{me^4}{8\varepsilon_0^2 h^2} \frac{1}{hc} \\ &= \frac{9.109390 \times 10^{-31}(1.602177 \times 10^{-19})^4}{8 \times (8.854188 \times 10^{-12})^2 (6.626076 \times 10^{-34})^3 \times 2.997925 \times 10^8} \\ &= 1.097372 \times 10^7 \, \mathrm{m}^{-1}\end{aligned}$$

ゆえに，式 (1.23) は

$$\frac{1}{\lambda} = -1.097372 \times 10^7 \left(\frac{1}{n_2^2} - \frac{1}{n_1^2}\right) \quad (1.24)$$

となり，R'/hc はリュードベリ定数 (R) とよく一致することがわかる．式 (1.24) と式 (1.8)，(1.9)，(1.10) の比較から明らかなように，バルマーが実験的に導いた n は実は主量子数であり，バルマー系列とは電子が $n_1 = 3, 4, 5, \cdots$ という高いエネルギー状態にある軌道から，$n_2 = 2$ の軌道に移ったとき放射された光によるスペクトルであることがわかった．同様に $n_2 = 1$ のときライマン系列，$n_2 = 3$ のときパッシェン系列であると理解できる．図 1.10 にこれらの関係を示した．

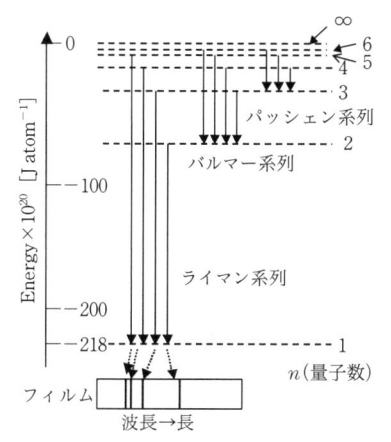

図 1.10 水素原子のエネルギーレベルとスペクトル

このようにボーアの原子モデルは水素原子のスペクトルを見事に説明することができた．

1.5 ゾンマーフェルトの理論

ボーアの原子構造論を支持したゾンマーフェルト (A. J. W. Sommerfeld) は，水素の原子スペクトル線を精密に調べた結果，1 本に見えた線が実はいくつかのスペクトルの集まりからなっていることを見いだした．そこで，彼は円軌道の他に量子化された楕円軌道が存在することを提唱した．図 1.11 に示すように楕円軌道の長軸を表すのに主量子数 n，短軸を k としたとき，$k = 1, 2, 3, \cdots, n$ $(n \geq k)$ の k が存在すると考えた．すなわち主量子数 n の軌道には $1, 2, 3, \cdots, n$

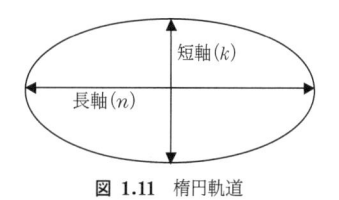

図 1.11 楕円軌道

■ 参考：原子軌道の円周と波長の関係

ここで，電子の速度の計算を試みる．式 (1.15) と式 (1.17) から，

$$v = \frac{e^2}{2\varepsilon_0 nh} \tag{1.25}$$

が得られるので，$n=1$ の場合について計算すると，

$$v = 0.2188 \times 10^9 \text{ cm s}^{-1} = 0.2188 \times 10^7 \text{ m s}^{-1}$$

となる．したがって，$n=1$ のとき，ド・ブロイの波長 (λ) は

$$\lambda = \frac{h}{mv} = \frac{6.626 \times 10^{-34} \text{ J s}}{9.1094 \times 10^{-31} \text{ kg} \times 2.1877 \times 10^6 \text{ m s}^{-1}}$$
$$= 3.324 \times 10^{-10} \text{ m} \tag{1.26}$$

が得られる．

一方，$n=1$ での半径 a_0（ボーア半径）は $a_0 = 5.291772 \times 10^{-11}$ m であるから，軌道の円周は

$$2\pi a_0 = 2 \times 3.1416 \times 5.291772 \times 10^{-11} = 3.325 \times 10^{-10} \text{ m}$$

と計算され，式 (1.26) の波長の値とよく一致している．すなわち，$n=1$（K殻）のとき，この軌道を回る電子の波長は円周と一致することを意味している．

同様に $n=2$（L殻），$n=3$（M殻），$n=4$（N殻）での円周はそれぞれ 2, 3, 4 波長となる（図1.9）．

($n \geq k$) の n 個の楕円軌道が存在する．

たとえば，図1.12 に示したように，$n=1$ の場合は $k=1$ のみであるが（図1.12(a)），$n=3$ のときは n/k は 3/3（円軌道），3/2（楕円軌道），3/1（細長い楕円軌道）の3種類の軌道が存在することになる（図1.12(c)）．

当初，この k を方位量子数と名づけたが，後に k の代わりに，$l = n-k$ で定義される l が導入され，この l を**方位量子数**（azimuthal quantum number）とした．なお，この方位量子数 l は電子の角運動量と密接に関係しているため，**軌道角運動量量子数**（angular momentum quantum number）とも呼ばれる．

これによって，円軌道は n の値にかかわらず，常に $l=0$ となる．また，習慣上 $l=0$ を **s状態**あるいは **s軌道**と呼ぶ．同様に $l=1,2,3$ をそれぞれ **p軌道**，**d軌道**，**f軌道**と呼ぶ．これらの名称は分光学における "sharp"，"principle"，"diffuse"，"fundamental" に由来している．また，軌道の属する主量子数 n を明らかにするため，たと

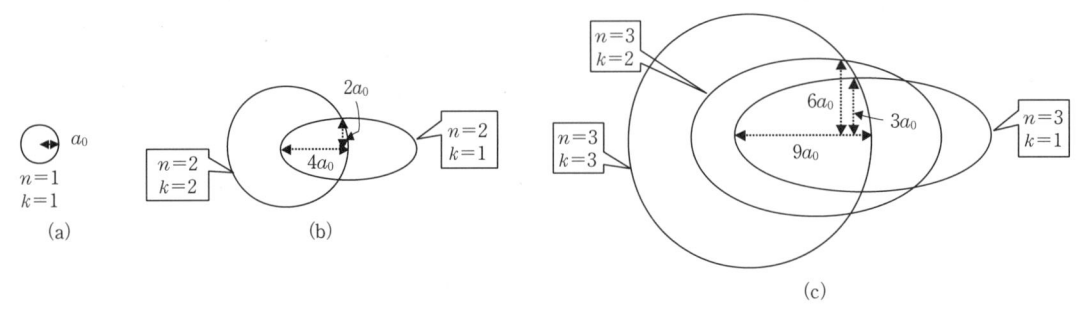

図 1.12 $n=1,2,3$ に伴う楕円軌道

えば $n=2$, $l=1$ の軌道を 2p 軌道と呼ぶ．表 1.1 は主量子数，方位量子数および軌道を示す記号をまとめたものである．

主量子数 n は軌道の空間的広がりとエネルギーを決定するが，方位量子数 l は軌道の形状を決定する．たとえば，s 軌道は球対称であるが，p や d 軌道は角度依存性をもっている．なお，その具体的な軌道の形は第 6 章で説明する．

表 1.1 種々の量子数と軌道

n（主量子数）		l（方位量子数） $(l=n-k)$		軌道の記号
$n=1$	$k=1$	0	s 軌道	1s
$n=2$	$k=2$	0	s	2s
	$k=1$	1	p	2p
$n=3$	$k=3$	0	s	3s
	$k=2$	1	p	3p
	$k=1$	2	d	3d

1.6 ゼーマン効果

1896 年ゼーマン（P. Zeeman）は，原子を強い磁場中においたとき，原子スペクトルに新しい線が現れることを発見した．これは**ゼーマン効果**と呼ばれ，楕円軌道が外部磁場に対してある一定方向しか取りえないことに起因している．すなわち，磁場中では方位量子数 l の軌道は

$$m_l = l, l-1, l-2, \cdots, -(l-1), -l \quad (1.27)$$

のように，$(2l+1)$ に分裂する．この新たな量子数 m_l を**磁気量子数**（magnetic quantum number）と呼び，方位量子数 l の軌道には $(2l+1)$ 個の軌道が含まれることを意味している．この磁気量子数は原子核の周りを回転する電子の角運動量とそれに伴う磁気モーメントと密接に関係していることが明らかにされた．この角運動量と磁気モーメント（m）の関係は式（1.38）で与えられている．

ところで，方位量子数 l をもつ電子の角運動量 L は量子論によると，

$$L = \frac{h}{2\pi}\sqrt{l(l+1)} \quad (1.28)$$

の飛び飛びの値をとることが知られている．それゆえ，電子の角運動量と磁気モーメントは式（1.38）で関係づけられているので，

$$m = \frac{\mu_0 e h}{4\pi m_e}\sqrt{l(l+1)} = \mu_B \sqrt{l(l+1)} = \mu_B \left(\frac{2\pi}{h}\right) L \quad (1.29)$$

が得られる．ここで，$\mu_0 e h / 4\pi m_e$ は**ボーア磁子**（Bohr magneton: BM）（μ_B）または単に**磁子**と呼ばれ，電子 1 個の磁気モーメントの単位に相当する．具体的に計算を試みると，

$$\mu_B = \frac{\mu_0 e h}{4\pi m_e} = 1.165 \times 10^{-29} \text{ Wb m}$$

$$\left(\text{または } \mu_B = \frac{e h}{4\pi m_e} = 9.274 \times 10^{-24} \text{ J T}^{-1}\right) \quad (1.30)$$

が得られる．ここで，T（テスラ）$=$ Wb m^{-2} と定義されている．以上の議論から，l が決まると，角運動量の大きさ L，それに伴う磁気モーメントの大きさ m が決まることを示す．

磁気モーメント m の電子を磁界 (H)（z 方向）中に入れると，z 方向に対して

$$U = m_z H \tag{1.31}$$

の磁気エネルギーが加わる．ここで，m_z は z 方向の磁気モーメントを示す．一方，角運動量 L の磁界方向成分の大きさである L_z は磁気量子数 m_l と次式のように関係づけられている．

$$L_z = \left(\frac{h}{2\pi}\right) m_l \quad (m_l = l, l-1, l-2, \cdots, -(l-1), -l) \tag{1.32}$$

角運動量 L と磁界方向成分 L_z の関係を図 1.13 に示した．電子軌道面は磁界方向に対して，m_l で決まる飛び飛びの傾きだけが許されることを意味している．これは，しばしば重力場で回転するコマの場合に見られる歳差運動にたとえられる．また，$l = 2$ および $l = 3$ の場合の角運動量と磁場方向のベクトル模式図を図 1.14 に示す．

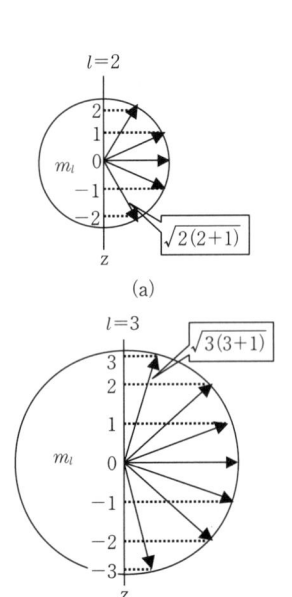

図 1.14 角運動量のベクトル模式図

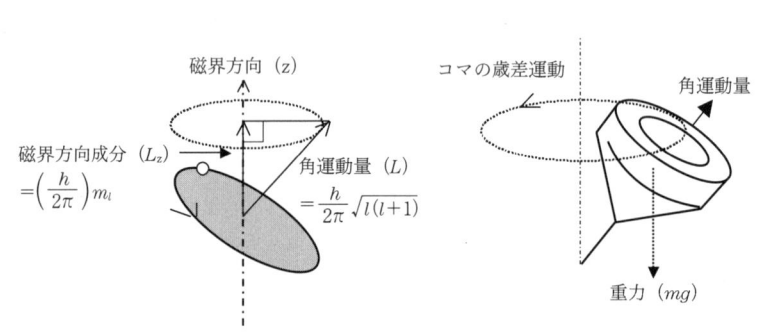

図 1.13 軌道面の歳差運動

それゆえ，式 (1.29) と (1.32) から，

$$m_z = \mu_B \left(\frac{2\pi}{h}\right) L_z = \mu_B \left(\frac{2\pi}{h}\right)\left(\frac{h}{2\pi} m_l\right) = \mu_B m_l \tag{1.33}$$

の関係が得られる．したがって，式 (1.31) は

$$U = \mu_B m_l H \tag{1.34}$$

となる．ここで，m_l が磁気量子数であり，$m_l = l, l-1, l-2, \cdots, -(l-1), -l$ の値をとることはすでに述べた．それゆえ，たとえば $l = 2$ の軌道（d 軌道）は，磁場中では，$2\mu_B H, \mu_B H, 0, -\mu_B H, -2\mu_B H$ の五重に分裂する．この分裂の様子を図 1.15 に示す．

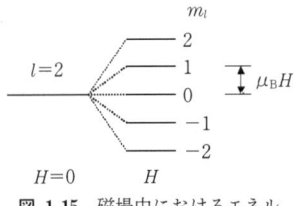

図 1.15 磁場中におけるエネルギー準位の分裂

1.7 スピン量子数

磁場中における原子スペクトルの実験が進むにつれて，軌道角運動量からでは説明できないスペクトルの分裂が観測されるようになった．この問題に対して，ハウトスミット（S. A. Goudsmit）とウーレ

> **■ 参考：角運動量と磁気モーメント**
>
> 電荷を帯びた粒子が回転するとき，必ず磁気を伴うが，原子核の周りを回る電子も例外ではない．面積 S [m^2] の周りを電流 i [A] が流れるとき，生じる磁気モーメント m [Wb m] は
>
> $$m = \mu_0 i S \tag{1.35}$$
>
> で与えられる．ここで μ_0 は真空の透磁率で，その値は $4\pi \times 10^{-7}$ Wb A^{-1} m^{-1} (H m^{-1} = N A^{-2}) である．なお，Wb（ウェーバ）は磁極の単位で，電荷のクーロンに相当する単位である．いま1個の電子が角速度 ω で，半径 r の軌道を等速円運動していると，このときの円電流は $e\omega/2\pi$ [A] に相当する．また $S = \pi r^2$ であるから，これらを式（1.35）に代入すると，
>
> $$m = \mu_0 (e\omega/2\pi) \pi r^2 = \mu_0 e\omega r^2 / 2 \tag{1.36}$$
>
> が得られる．一方，質量 m_e の電子が半径 r の円周上を角速度 ω で回転しているとき，**角運動量**（L）の大きさは
>
> $$L = m_e \omega r^2 \tag{1.37}$$
>
> で表されることが古典力学から知られている．それゆえ，式（1.36）と（1.37）から，角運動量と磁気モーメント（m）の関係は
>
> $$m = -\frac{\mu_0 e}{2 m_e} L \tag{1.38}$$
>
> となる．この関係を図1.16に示す．式（1.38）における負の符号は，回転する粒子が負の電荷をもつ電子の場合，角運動量と磁気モーメントの方向が逆になることを示している．
>
> **図 1.16** 角運動量と磁気モーメント

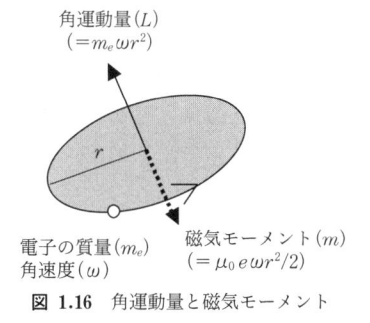

ンベック（G. E. Uhlenbeck）は，太陽を回る地球が自転しているのと同様に，電子自身も自転運動（スピン）していると考えて，スペクトルの分裂をうまく説明することができ，この電子固有の角運動量を**スピン**（spin）と名づけた．このスピンの仮説は後にディラック（P. A. M. Dirac）によって証明されている．

電子がこのように自転しているならば，軌道を回転する電子に対して軌道角運動量を導入した式（1.32）と同様に，**スピン角運動量**（S）の導入は容易に理解できる．すなわち，S は

$$S = \left(\frac{h}{2\pi}\right)\sqrt{s(s+1)} \tag{1.39}$$

で表され，この s を**スピン量子数**（spin quantum number）といい，常に 1/2 の値である．さらに，軌道角運動量の場合と同様に，磁場中では

$$m_s = s, s-1, \cdots, -s$$

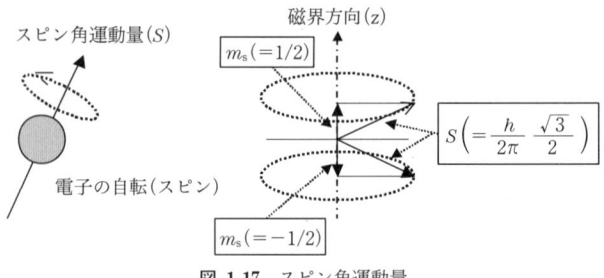

図 1.17 スピン角運動量

に分裂するはずである．ここで m_s は**スピン磁気量子数**である．$s=1/2$ なので，m_s は $1/2$ と $-1/2$ の2種類のみとなる．しばしば，便宜上 $m_s=1/2$ の状態を↑，$m_s=-1/2$ を↓の記号を用いて区別している．スピン角運動量とスピン磁気量子数の関係を図 1.17 に示した．

結果的に，軌道を決める量子数は主量子数 n，方位量子数 l，磁気量子数 m_l，スピン磁気量子数 m_s の4種類存在することがわかった．これら量子数の特徴は表 1.2 のようにまとめられる．また，各軌道に収容できる電子の数は表 1.3 にまとめて示した．

表 1.2 各種量子数の特徴

	記号	とりうる値	特 徴
1. 主量子数	n	$1, 2, 3, \cdots$	軌道のエネルギー
2. 方位量子数	l	$0, 1, 2, 3, \cdots, n-1$	軌道の形
3. 磁気量子数	m_l	$-l, -(l-1), \cdots, -1, 0, 1, 2, \cdots (l-1), l : (2l+1)$本	軌道の方向
4. スピン磁気量子数	m_s	$+1/2, -1/2$	スピンの方向

表 1.3 各電子軌道が収容できる電子数

	s ($l=0$)	p ($l=1$)	d ($l=2$)	f ($l=3$)	g ($l=4$)	$2n^2$
K ($n=1$)	2					2
L ($n=2$)	2	6				8
M ($n=3$)	2	6	10			18
N ($n=4$)	2	6	10	14		32
O ($n=5$)	2	6	10	14	18	50

【演習問題】

1. 以下の問いに答えよ．

1) ラジオ波の振動数は 3.6×10^{10} Hz である．この電磁波の1光子当たりのエネルギー [J] を求めよ．

2) 1.3 Å の波長をもつX線の1光子当たりのエネルギー [J] を求めよ．

2. ヘリウムランプから出る 58.4 nm の波長の紫外線を用いてクリプトンに照射すると，放出された電子の速度は 1.59×10^6 m s^{-1} であった．クリプトンのイオン化エネルギーを計算せよ．

3. ボーアの原子モデルに基づき，以下の主量子数の変化によって放出される光の波長とエネルギーを計算せよ．

1) $n=3 \to n=2$ 2) $n=4 \to n=3$ 3) $n=5 \to n=4$

4. 電子を電圧 V で加速するとき，電子に伴う波の波長は次式で与えられる．

$$\lambda = \frac{h}{\sqrt{2meV}}$$

ここで，m, e はそれぞれ電子の質量，電子の電荷である．

1) この式が成り立つことを示せ．
2) 電子の加速電圧が 20 kV のとき，電子の波長を計算せよ．
3) 電子のエネルギー [J mol^{-1}] を計算せよ．

5. 人間の眼が可視光を関知するには視神経に少なくとも 2.0×10^{-17} J のエネルギーを必要とするといわれている．

1) 波長が 700 nm の赤い光を関知するには何個の光子を必要とするか．
2) 波長が 475 nm の青い光を関知するには何個の光子を必要とするか．

6. 以下で示される軌道にはいくつの電子が存在できるか．

1) 1s 2) 4d 3) 3p 4) 5f

7. 以下で示される軌道に対して，記号を用いて表せ．また，可能な m_l の値を示せ．

 (例) $n=2$, $l=1$ に対する記号は 2p で，$m_l=-1, 0, 1$

1) $n=4$, $l=2$ 2) $n=5$, $l=1$ 3) $n=6$, $l=3$ 4) $n=3$, $l=0$

2　多電子原子の特徴と系統的分類

　物質の性質は構成原子やイオンの配列（結晶構造），さらに原子間の結合の種類に大きく依存している．言い換えれば，分子や結晶の構造および化学結合様式を理解するためには，原子の電子配置の規則とエネルギー準位を知ることが重要である．本章ではエネルギー準位の決まり方や電子の詰まり方を学び，その周期性から100種類を超える元素の特徴を明らかにする．

2.1　多電子原子のエネルギー準位と電子配置

　水素類似原子，たとえば He^+, Li^{2+}, Be^{3+} のような1つの電子からなるイオンは，水素原子と同様に，n, l, m_l の3つの量子数で原子軌道を表すが，軌道エネルギー E_n は n のみで決まる．たとえば，水素類似原子では 2s 軌道と 2p 軌道のエネルギーは等しい．電子が1個からなる原子番号 Z の水素類似原子の軌道エネルギー E_n および軌道半径 r_n は，式 (1.13) のクーロン力を $Ze^2/4\pi\varepsilon_0 r^2$ に置き換えると

$$E_n = -\frac{me^4}{8\varepsilon_0^2 h^2}\frac{Z^2}{n^2} = -1313\frac{Z^2}{n^2} \ [\text{kJ mol}^{-1}] \quad (2.1)$$

$$r_n = \frac{n^2}{Z}a_0 = 52.9\frac{n^2}{Z} \ [\text{pm}] \quad (2.2)$$

が得られ，水素原子の E_n より Z^2 倍低くなる．つまり，n が同じでも，Z が増えるとエネルギーは下がり，軌道半径は水素原子の r_1（ボーア半径，a_0）より $1/Z$ に圧縮されることを意味する．

　多電子原子になると，電子間の相互作用（反発力）によって軌道のエネルギー準位は方位量子数 l にも依存してくる（図 2.1）．たとえば，3つの電子をもつ Li の電子配置は $1s^2 2s^1$（電子が 1s 軌道に2個，2s 軌道に1個存在するとき，このように記す）であり，最外殻の 2s 軌道にある電子は原子核の $+3e$ と $1s^2$ の電荷 $-2e$ の影響を受けて軌道運動している．このとき，ある電子の軌道より内側にある電子は原子核の正電荷を打ち消すように作用する．この効果を**遮へい**（shielding）と呼ぶ．この 1s 軌道の2個の電子による遮へい効果が完全であれば，2s 軌道の電子が感じる正味の核電荷（有効核電荷，Z_{eff}）は

図 2.1 原子軌道のエネルギー準位

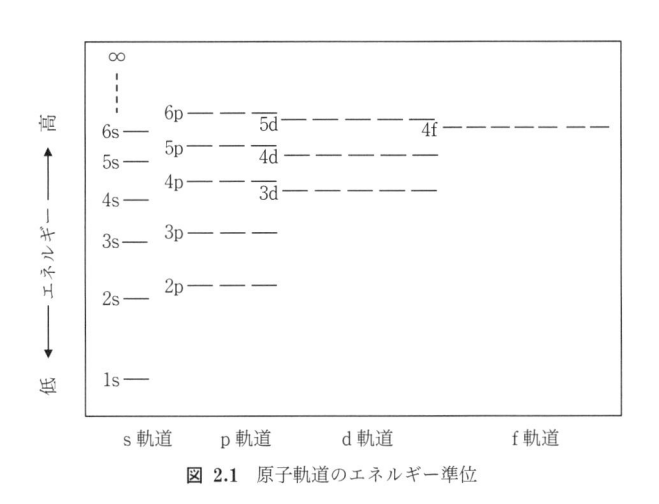

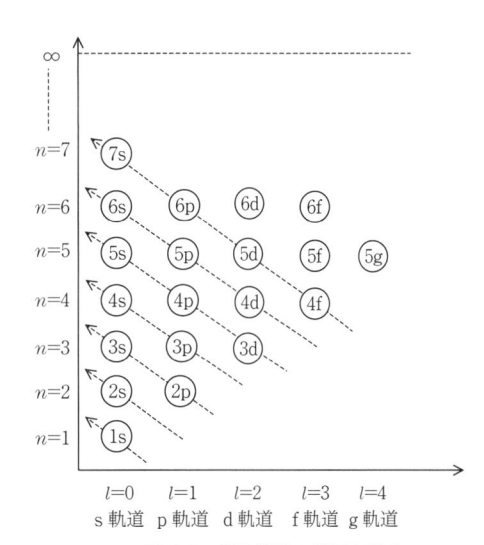

図 2.2 原子軌道に電子が詰まっていく順序
（電子は矢印破線で示される下側からの軌道の順番にしたがって詰まっていく）

$Z=1$ の核電荷と同じになるので，Li の 2s 軌道のエネルギーは H と同じはずである．しかし，実際にはこの遮へいは不完全である．そこで，**有効核電荷** Z_{eff} は核電荷 Z から**遮へい定数** σ を引いた値であると考えて，

$$Z_{eff} = Z - \sigma \tag{2.3}$$

で表される．Z_{eff} の具体的な数値は**スレーターの規則**（Slater's rule）より求められている（3.2 節参照）．したがって，Li の 2s 軌道のエネルギーは式（2.1）中の Z を Z_{eff} に置き換えればよい．

$$E_n = -1313 \frac{Z_{eff}^2}{n^2} \ [\text{kJ mol}^{-1}]$$

遮へい効果は軌道の形によって異なり，たとえば，以下のような傾向がある．

1) 一般に，主量子数が小さい軌道の電子は主量子数の大きい軌道の電子に対して核電荷をよく遮へいする．1s 軌道は 2s 軌道よりも原子核の近くに分布するため，2s 軌道の電子に対する 1s 軌道の遮へい効果は大きい．

2) 主量子数が同じ場合，遮へい効果は s 電子 → p 電子 → d 電子 → f 電子の順に小さくなる．多電子原子のエネルギー準位において，s 軌道のエネルギーは原子番号とともに大きく低下するが，p，d，f 軌道はほぼ同じなのは，この理由である．

多電子原子における軌道のエネルギー準位を図 2.1 に示した．各原子は原子番号と同じ数の電子をもっているので，その元素の電子配置は最も低い準位である 1s 軌道から，その元素の電子数だけ順次詰めていけば得られることになる．図 2.2 はその順序を記憶しやすいよう

にまとめたものである．

この電子配置は外からエネルギーが加わると高いエネルギー準位に励起し，別の電子配置になる．この最も低いエネルギーを**基底状態**（ground state），また励起した高いエネルギーを**励起状態**（excited state）と呼んでいる．

基底状態の電子配置を決めるに際して，次の2つの規則を満たさなければならない．

1) **パウリの排他律**（Pauli exclusion principle）

1つの原子の中で2個以上の電子が4つの量子数で規定された状態を同時に取ることはありえない．言い換えれば，n, l, m_l の3つの量子数で決まる1つの軌道には，$m_s=1/2$ および $-1/2$ の2個の電子までが収容できる．

2) **フントの規則**（Hund's rule）

エネルギー準位の等しい複数の軌道（縮退した軌道という）に電子が満たされていくとき，基底状態ではスピンはできるだけ平行になるように分布する．言い換えれば，不対電子の数が最大になるように配置することを意味する．

たとえば，p 軌道に3つの電子が入る場合，図2.3に示すようないくつかの配置がありうる．ここで，(c) はパウリの排他律により禁止されており，(a)，(b) はフントの規則に反しているので，(d) のみが許される．

以上の考え方に基づいていくつかの元素の電子配置やその表記の仕方について検討しよう．まず，H 原子は1個の電子が 1s 軌道に入る．これを $1s^1$ あるいは $(1s)^1$ と表記する．2個の電子からなる He 原子の電子配置は $1s^2$ となる．パウリの排他律により，1s にこれ以上電子は入らない．これを**閉殻**（closed shell）という．Li および Be の電子配置はそれぞれ $1s^2 2s^1$ および $1s^2 2s^2$ となる．図2.4にHから

図 2.3 種々の電子配置の例

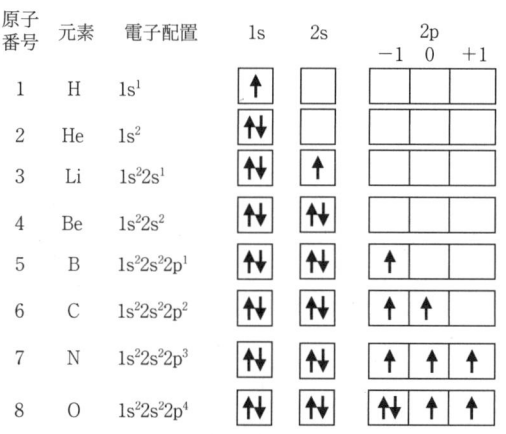

原子番号	元素	電子配置	1s	2s	2p −1	2p 0	2p +1
1	H	$1s^1$	↑				
2	He	$1s^2$	↑↓				
3	Li	$1s^2 2s^1$	↑↓	↑			
4	Be	$1s^2 2s^2$	↑↓	↑↓			
5	B	$1s^2 2s^2 2p^1$	↑↓	↑↓	↑		
6	C	$1s^2 2s^2 2p^2$	↑↓	↑↓	↑	↑	
7	N	$1s^2 2s^2 2p^3$	↑↓	↑↓	↑	↑	↑
8	O	$1s^2 2s^2 2p^4$	↑↓	↑↓	↑↓	↑	↑

図 2.4 種々の元素の電子配置

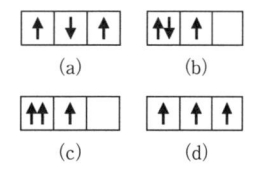

Oまでの電子配置を示した．同様に，11個の電子を有するNaの電子配置は$1s^22s^22p^63s^1$と表記できる．この場合，$1s^22s^22p^6$は閉殻構造のNeの電子配置に相当するため，$[Ne]3s^1$と略記することが多い．

3pの次は3dよりエネルギーの低い4sに先に入っていく（図2.1）．たとえば，19番元素である$_{19}$Kの電子配置は$[Ne]3s^23p^64s^1$となる．4s軌道が満たされた後，3d軌道に順次入っていく．

このとき，$_{24}$Crで例外が生じる．規則にしたがえば，Crの電子配置は$[Ar]3d^44s^2$であるが，d軌道に定員の半分である5つの電子が入った方が安定なため，実際の電子配置は$[Ar]3d^54s^1$となる．同様の理由により，$_{29}$Cuも$3d^94s^2$ではなく，$3d^{10}4s^1$の電子配置となる．このような不規則性はエネルギーの接近している5s-4d間，4f-5d間，5f-6d間で現れるので注意を要する．全元素の電子配置は付録6にまとめてある．

2.2 元素の系統的分類とその周期的特性

元素を原子番号順に左から右に並べていくと，最外殻軌道が閉殻構造になったところで折り返す周期が得られる．この周期性に関して，まだ原子番号も知られていない1869年にメンデレーフ（D. I. Mendeleev）は，元素の原子価やその化合物の形式に周期性があることを見いだしている．このようにしてすべての元素をまとめたものを**周期表**（periodic table）といい，図2.5に概略を示すとともに，本書の見返しにも添付した．

周期表で，横並びを**周期**（period）といい，第1～第7周期まである．また，周期の数と主量子数nは一致している．一方，縦並びを**族**（group）と呼び，1～18族に分類されている．同じ族の最外殻電子配置は同じなので，化学的性質は互いに類似した元素が周期的に現れる．この縦の列の元素を**同族元素**と呼んでいる．

原子軌道との関係で元素を大きく分類したものを以下にまとめた．

sブロック元素：1族，2族元素

  1族：アルカリ元素　（Li～Fr）　　　　　　　　　$(n\text{s})^1$
  2族：Be, Mgおよびアルカリ土類元素（Ca～Ra）　$(n\text{s})^2$
  〔(12族：亜鉛族元素　（Zn, Cd, Hg）　　　　　　$(n-1)^{10}(n\text{s})^2$〕

pブロック元素：13～18族

  13族：ホウ素族元素　（B～Tl）　　　　　　　　$(n\text{s})^2(n\text{p})^1$
  14族：炭素族元素　（C～Pb）　　　　　　　　　$(n\text{s})^2(n\text{p})^2$
  15族：窒素族元素　（N～Bi）　　　　　　　　　$(n\text{s})^2(n\text{p})^3$
  16族：酸素族元素　（O～Po）　　　　　　　　　$(n\text{s})^2(n\text{p})^4$

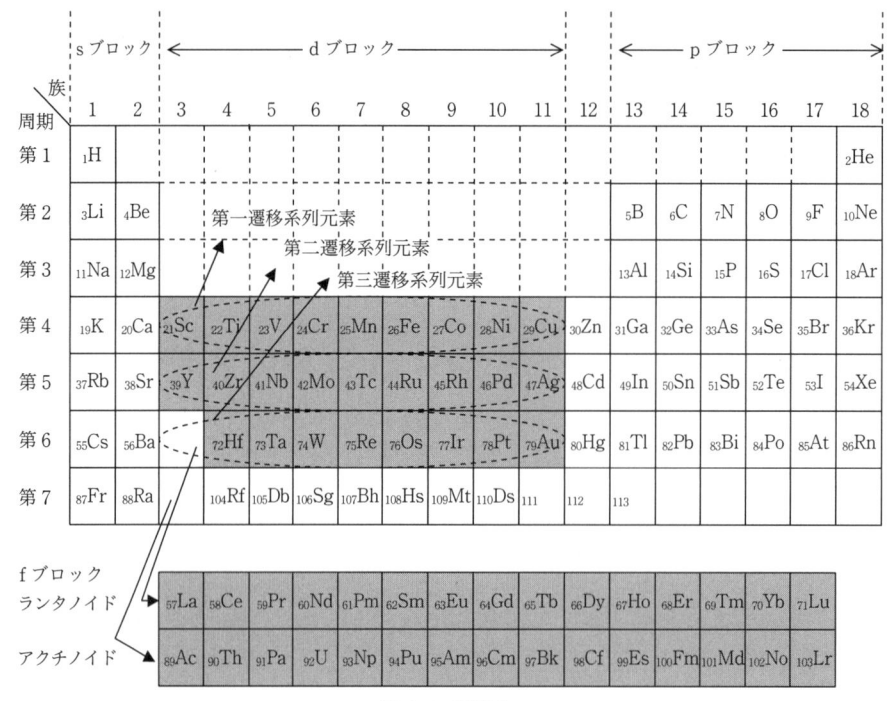

図 2.5　周期表

17族：ハロゲン元素　（F～At）　　　　　　　　　　$(n\text{s})^2(n\text{p})^5$

18族：希ガス元素　（He～Rn）　　　　　　　　　　$(n\text{s})^2(n\text{p})^6$

dブロック元素：3～12族

　主遷移元素（transition element）：完全に満たされていないd軌道をもつ元素

　　第一遷移元素　（Sc～Cu）…3d

　　第二遷移元素　（Y～Ag）…4d

　　第三遷移元素　（La, Hf～Au）…5d

　内部遷移元素（inner transition element）：完全に満たされていないf軌道をもつ元素

　　ランタノイド系列　（La～Lu）…4f

113番元素の発見

　2004年9月，理化学研究所において，加速器を用いて $_{30}$Zn と $_{83}$Bi の原子核を80日衝突させ続けることによって，日本で初めてとなる113番目の元素が発見され，寿命0.0003秒で α 崩壊により核分裂することが明らかにされている．名前の候補にはリケニウム，ジャポニウムがあげられている．新元素の発見には各国が必死になって研究しているが，歴史的に見ると，原子番号が93番から103番まではアメリカの独壇場，104から106番までは米ソの争い，107番から112番にかけてはドイツの独壇場であった．日本でも約100年前に第一高等学校の小川正孝教授が43番元素を発見し，ニッポニウムと命名されたが，後にレニウムであることがわかり，幻に終わった経緯がある．

アクチノイド系列 （Ac～Lr）…5f

なお，遷移元素以外は**典型元素**（representative element）と呼ばれている．周期の左下方向で金属，中間は**半金属**（メタロイド，metalloids），右上で**非金属**（nonmetal）の性質をもつ．

電子配置において，原子核から最も遠い n 軌道（最外殻軌道）にある電子は，一般に化学結合にかかわるので，**価電子**（valence electron）あるいは**原子価電子**と呼ばれる．ただし，18族元素の最外殻軌道は電子で満たされた安定な閉殻構造を有するので価電子はゼロとみなす．典型元素の価電子はs電子やp電子で，遷移元素ではd電子やf電子である．

同一周期内での元素の性質は，原子番号が増加すると，以下のような一般的傾向を示す．

1) 金属的性質は核電荷の増加とともに減少して，金属 → メタロイド → 非金属へと変化する．
2) 化学反応は，不活性ガスのNeを除いて，最も左のLiおよび最も右のFで高くなる．
3) 単体の化学結合は，金属結合 → 三次元に広がる共有結合 → 二原子分子を生成する共有結合 → 結合なし，のように変わる．
4) 一般的な酸化物の酸塩基性は，塩基性 → 両性 → 酸性のように変化する．
5) 還元力は金属で強く，酸化力は非金属で強い．

2.3 典型元素の特徴と代表的化合物

2.3.1 水素元素とsブロック元素

a. 水素 H

H分子はあらゆる元素の中で最も軽く，低分子量，非極性，無色無臭，極端に低い融点と沸点を有している．$1s^1$の電子配置から見るとアルカリ金属，電子が1つ加わると閉殻構造になる点はハロゲンに似ているが，Hの性質はそれらのいずれとも異なっている．最近の燃料電池の開発の活発化に伴って，燃料としてのHが注目されている．

水素化物にはイオン性と共有性化合物が存在する．イオン性水素化物は，以下のように1族元素や2族元素と反応して得られる．

$$2\,Li + H_2 \longrightarrow 2\,LiH$$
$$Ca + H_2 \longrightarrow CaH_2$$

この水素化物は強力な還元剤であり，たとえば，Ti(IV)を金属Tiに還元する．

■ 参考：燃料電池

水素を燃料とする燃料電池の排気ガスは水であるため，クリーンでしかも高効率であることから，活発な研究が行われている．その種類も使用する電解質によって，おもに以下の4種類が知られている．

リン酸型	H_2，天然ガス｜H_3PO_4｜O_2，空気	～1.2 V	170～200℃作動，貴金属触媒必要
溶融炭酸塩型	H_2｜Li_2CO_3-K_2CO_3｜空気＋CO_2	1.0～1.3 V	650℃作動，貴金属触媒不要
固体電解質型	H_2｜固体電解質｜空気	～0.8 V	1000℃作動，貴金属触媒不要
高分子電解質型	H_2｜高分子プロトン伝導体｜空気	～1.20 V	60～100℃作動，貴金属触媒必要

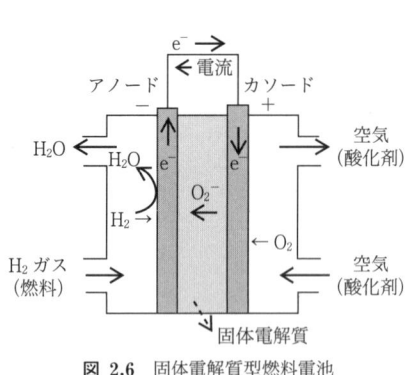

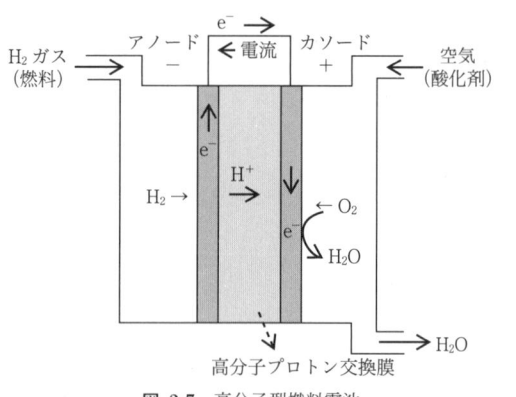

図 2.6　固体電解質型燃料電池　　　　　図 2.7　高分子型燃料電池

一方，共有性の化合物には，CH_4，NH_3，H_2O，HF などがよく知られ，これらの分子は小さいので，ほとんどは気体である．しかし，BやCとの水素化物の多くは，分子も大きいため，液体または固体になる．

b. 1族元素（アルカリ金属）

1族元素はリチウム (Li)，ナトリウム (Na)，カリウム (K)，ルビジウム (Rb)，セシウム (Cs)，フランシウム (Fr) からなり，水中で塩基性を示すことから**アルカリ金属** (alkali metals) とも呼ばれる．表 2.1 に1族元素の基礎データをまとめた．

この中で，Li のみが空気中で N_2 と反応し窒化物 Li_3N を生じること，有機ハロゲン化物と反応して CH_3CH_2Li のような低融点の分子化合物を生成する点で，他のアルカリ金属と異なった挙動を示す．一般にアルカリ金属は各周期中で最も大きな原子半径と低い密度をもつ

表 2.1　1族元素の特性

周期	原子番号	元素記号	元素名	電子配置	密度 [g cm^{-3}]	融点 [K]	特色・関連事項
第2	3	Li	リチウム	[He]$2s^1$	0.534	453	最軽量の柔らかい銀色金属，水素吸蔵合金，リチウム電池
第3	11	Na	ナトリウム	[Ne]$3s^1$	0.971	371	柔らかい銀色金属，原子力発電熱媒体，高温作動 Na/S 電池
第4	19	K	カリウム	[Ar]$4s^1$	0.862	337	柔らかい銀色軽金属，水と爆発的反応発火
第5	37	Rb	ルビジウム	[Kr]$5s^1$	1.532	312	電子を放出しやすい，光電池，光電陰極，年代測定
第6	55	Cs	セシウム	[Xe]$6s^1$	1.873	301.6	展性に富む銀白色の金属，原子時計，真空度保持
第7	87	Fr	フランシウム	[Rn]$7s^1$	—	300	安定同位体は存在せず，最も半減期の長い ^{223}Fr で 22 分

ため, 他の多くの金属と違って, 柔らかく, 低融点である (図2.8, 2.9). たとえば, Naは冷やしたバターのようであり, Kは凍らせた粘土のようである. アルカリ金属の単体はきわめて反応性が高く, 強い還元剤である. それゆえ, 金属単体で存在するよりも, +1価の陽イオンになりやすい. 空気中では酸化物になりやすく, LiはLi_2O, NaはNa_2O_2(過酸化物), K, Rb, CsはMO_2(超酸化物)になるなど, 元素によって生成する酸化物が異なっている. アルカリ金属はH_2を還元し, イオン性の水素化物を生成する. 水中ではH_2Oを還元してH_2と水酸化物を生じる.

アルカリ金属には以下のような化合物が重要である. 炭酸リチウム (Li_2CO_3) は強化ガラスやホウロウに使用され, またうつ病治療剤としても知られている. 塩化ナトリウムNaClはNa, NaOH, Na_2CO_3/$NaHCO_3$, Na_2SO_4などの原料として大量に使用されている. 炭酸ナトリウム (Na_2CO_3), 炭酸水素ナトリウム ($NaHCO_3$) などの炭酸塩はガラス工業の重要な原料であり, 低温でCO_2を発生するので「ふくらし粉」や消火剤としても使用される. 強力な酸化剤である硝酸カリウム (KNO_3) は, 火薬や花火として使用されている.

c. 2族元素

2族元素はベリリウム (Be), マグネシウム (Mg), カルシウム (Ca), ストロンチウム (Sr), バリウム (Ba), ラジウム (Ra) の元素からなるが, BeおよびMgを除いた元素は**アルカリ土類金属** (alkaline earth metals)* と呼ばれている. 表2.2に2族元素の基礎データをまとめた.

*2族元素すべてをアルカリ土類金属と呼ぶ場合もある.

2族の中で特にBeは例外的に硬く, 化学的にも安定で, 不活性である. アルカリ土類元素は+2価のイオン性化合物を生じ, その水酸化物は水に溶けて強塩基性を示す. また, 空気中でO_2を還元して酸化物を生じ, 水中では次式のようにH_2Oを還元しH_2を生じる.

$$M + 2H_2O \longrightarrow M(OH)_2 + H_2$$

Be以外の元素 (M) はハロゲン, N_2, H_2を還元してイオン性化合物を生成する. すなわち,

表2.2 2族元素の特性

周期	原子番号	元素記号	元素名	電子配置	密度 [g cm^{-3}]	融点 [K]	特色・関連事項
第2	4	Be	ベリリウム	[He]$2s^2$	1.847	1551	もろく硬い灰色金属, 空気中でも表面酸化被膜により安定
第3	12	Mg	マグネシウム	[Ne]$3s^2$	1.738	922	Mg系合金は実用金属の中で最も軽量で強度大
第4	20	Ca	カルシウム	[Ar]$4s^2$	1.550	1111	吸湿して水酸化物に変化, 石灰化合物
第5	38	Sr	ストロンチウム	[Kr]$5s^2$	2.540	1042	水と激しく反応する, ^{90}Srは放射性同位体で半減期25年
第6	56	Ba	バリウム	[Xe]$6s^2$	3.594	998	水とはSrより激しく反応, 銀白色の常磁性金属
第7	88	Ra	ラジウム	[Rn]$7s^2$	~5.000	973	最初の放射性元素, γ線源として医療用や工業用に利用

$$M + X_2 \longrightarrow MX_2 \quad (X = F, Cl, Br, I)$$
$$M + H_2 \longrightarrow MH_2$$
$$M + N_2 \longrightarrow M_3N_2$$

などが知られている．

一方，2族元素は1族元素とよく似た性質を示すが，大きな違いの一つは，1族元素の化合物より水溶性が低いことである．その理由は，2族元素のイオンの方が，イオン半径が小さく，電荷数が大きいので電荷密度が高いからである．

2族元素の代表的な化合物を以下にまとめる．緑柱石，ベリル（$Be_3Al_2Si_6O_{18}$）はBe金属の原料で，アクアマリンやエメラルドなどの宝石としても知られている．酸化マグネシウム（MgO）はその高い融点（2852℃）のため，耐火レンガなどの耐熱材料や絶縁材料として使用される．アルキルマグネシウムハロゲン化物RMgX（R：アルキル基，X：ハロゲン元素）は多くの有機化合物を合成するのに使用される．

図2.8と2.9は，1族元素と2族元素の密度，融点や沸点が周期に対してどう変化するかをまとめたものである．アルカリ金属の1族元素は周期とともにほぼ連続的に変化するのに対して，2族はBe，Mgで不連続に変化する傾向がみとめられる．

d. 12族元素（亜鉛族元素）

12族元素は亜鉛（Zn），カドミウム（Cd），水銀（Hg）からなり，**亜鉛族元素**とも呼ばれる．最外殻の4s軌道に2個の価電子，3d軌道

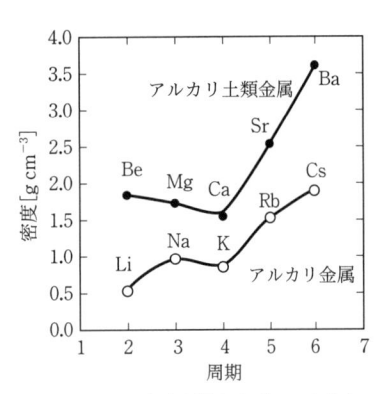

図2.8 アルカリ金属およびアルカリ土類金属の密度

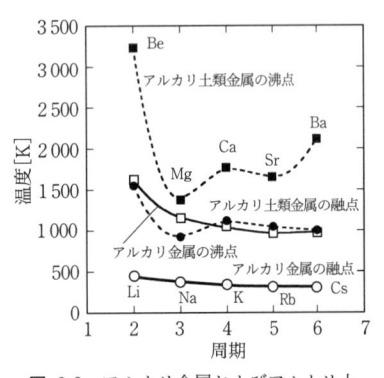

図2.9 アルカリ金属およびアルカリ土類金属の融点と沸点

■ 参考：LiとMg，BeとAl，BとSiにおける対角線の関係

表2.3に示すように，第2周期の元素と第3周期の対角線にある元素との間には性質の類似性がある．たとえば，LiとMgでは，Liの原子半径0.152 nmとMgの0.160 nm，Li^+のイオン半径0.076 nmとMg^{2+}のイオン半径0.072 nm，のように類似している．両元素とも類似の溶解性化合物を生じ，またN_2と反応して窒化物を生じる．有機金属化合物では金属元素-炭素間の分極した共有結合を形成する．

BeとAlでは，強アルカリ中で，それぞれ$[Be(OH)_4]^{2-}$および$[Al(OH)_4]^-$を生成し，水との反応では緻密な酸化物被膜を生成する．酸化物は化学的には両性できわめて硬い高融点物質である．小さいイオン半径で高電荷密度イオンであるBe^{2+}およびAl^{3+}は近くの電子雲を強く引きつけ，いくつかのAl化合物およびすべてのBe化合物は分極した共有結合の性質をもつ．

BとSiはともに半導体である．単体および酸素酸イオン（ホウ酸イオン，ケイ酸イオン）は三次元に広がる共有結合を形成する．ホウ酸$B(OH)_3$およびケイ酸$Si(OH)_4$は弱酸である．水素化物（ボラン，シラン）は引火性，低融点物質で，また還元剤として作用する．

表2.3 対角線の関係にある3種の元素対

	1族	2族	13族	14族
第2周期	Li	Be	B	
第3周期		Mg	Al	Si

表 2.4　12族元素の特性

周期	原子番号	元素記号	元素名	電子配置	密度 [g cm^{-3}]	融点 [K]	特色・関連事項
第4	30	Zn	亜鉛	[Ar]3d^{10}4s^2	7.133	693	Cu-Zn 合金(真鍮)，鋼板メッキ(トタン)
第5	48	Cd	カドミウム	[Kr]4d^{10}5s^2	8.650	594	土壌汚染重金属として厳しく規制
第6	80	Hg	水銀	[Xe]4f^{14}5d^{10}6s^2	13.546	234	常温で唯一の液体金属，合金(アマルガム)，猛毒

は10個の電子でいっぱいになっている．sブロック元素とpブロック元素の間に位置し，典型元素に分類される*．

*遷移元素として分類する説もある．

Znは両性元素で，重金属元素の一つである．金属は電池の負極，鋼板のメッキ（トタン）（ブリキはスズメッキ鋼板），黄銅（Cu-Zn合金，真鍮とも呼ばれる）などとして知られる．生体内では鉄について多い微量生体必須金属元素である．

ZnO，Zn(OH)$_2$はともに両性化合物で，

$$Zn(OH)_2 + H^+ \longrightarrow Zn^{2+} + H_2O$$

$$Zn(OH)_2 + 2\,OH^- (強アルカリ溶液) \longrightarrow [Zn(OH)_4]^{2-}$$

のように，酸にも塩基にも反応して溶解する．ZnOは亜鉛華とも呼ばれる白色粉末で，白色顔料，化粧品，医薬品などに利用されているが，近年，電子材料（バンドギャップ：309 kJ mol^{-1}）（7.3節参照）および光触媒として関心の高いセラミックス材料の一つである．なお，光触媒で知られる酸化チタンのバンドギャップも309 kJ mol^{-1}である．

CdはNi/Cd電池（ニッカド電池）の電極として重要である．Cd化合物には蛍光作用があり，テレビモニターに利用される．CdSは赤外線の検出器に使われる．Cdの毒性は，腎傷害によってカルシウム代謝に異常をきたす一方，イタイイタイ病として知られるように，骨からのCaの溶出や骨軟化症によって骨折しやすくなる．

HgはFeおよびNi以外の金属と合金（アマルガム）をつくる．Hgの化合物として酸化数が+1の塩化水銀(I)（Hg$_2$Cl$_2$）と+2の塩化水銀(II)（HgCl$_2$）などがある．水銀の電気抵抗がゼロになる**超伝導体**（superconductor）への臨界温度は4.2 Kである．Hgは，蛍光灯における可視光発光に必要な紫外線発生機，電池，温度計，圧力計，ポーラログラフィー用電極，水銀灯など，用途は広い．一方，水銀蒸気圧は298 Kで0.163 Paと比較的高い．HgSは朱肉としていまも使われているが，消毒薬や傷薬として広く用いられてきたHgCl$_2$水溶液であるマーキュロクロム（赤チン）はいまや見かけなくなった．単体，化合物とも，生体にとって猛毒で，熊本での水俣病は有機水銀中毒による中枢神経疾患として知られる．

2.3.2 pブロック元素

a. 13族元素（アルミニウム族）

電子配置が $(n{\rm s})^2(n{\rm p})^1$ と表記される13族元素は**アルミニウム族**と呼ばれ，最初のpブロック元素である．この族にはホウ素（B），アルミニウム（Al），ガリウム（Ga），インジウム（In），タリウム（Tl）が属する．表2.5に13族元素の特性をまとめた．

s，p軌道からなるBやAlと，d，f軌道を含むGa，In，Tlの間には大きなギャップが存在する．原子番号が大きいGa，In，Tlの原子核は大きい正電荷をもっているにもかかわらず，核から離れて広く分布しているdやf軌道はs，p軌道に対して十分遮へい効果が弱くなっている．それゆえ，同族の軽い元素と比べると，これらの元素の $Z_{\rm eff}$ は大きくなっている．この核の強い引力により，たとえば遷移元素の最初のグループである3族元素と比べて，Ga，In，Tlの3つの元素の原子は小さく，イオン化エネルギーや電子親和力が大きいなどの違いが生じている．

この族の元素の酸化数は，最外殻電子がとれて+3になることが一般的であるが，Tlなどの高周期の元素はp電子のみがとれて，+1の酸化状態になりやすくなる．このように最外殻のs電子が対のまま残されて結合に関与しない現象はpブロック元素の重い元素で起こり，不活性電子対効果と呼ばれている．

13族元素の化合物は最先端技術に密接に関係している例が多い．アルミナ（Al_2O_3）セラミックスは電子回路基板として使用される一方，人工関節用の生体材料としても応用されている．GaAsのp-n接

表 2.5　13族元素の特性

周期	原子番号	元素記号	元素名	電子配置	密度 [g cm^{-3}]	融点 [K]	特色・関連事項
第2	5	B	ホウ素	[He]$2s^22p^1$	2.340	2573	黒灰色の非金属，半導体，高硬度
第3	13	Al	アルミニウム	[Ne]$3s^23p^1$	2.698	933	銀白色の軽金属，アルマイト，ジュラルミン
第4	31	Ga	ガリウム	[Ar]$3d^{10}4s^24p^1$	5.907	303	白青色金属，半導体，発光ダイオード
第5	49	In	インジウム	[Kr]$4d^{10}5s^25p^1$	7.310	429	軟らかい銀白色金属，空気中で安定
第6	81	Tl	タリウム	[Xe]$4f^{14}5d^{10}6s^26p^1$	11.850	577	耐食性合金，感光材料，化合物は毒性が強い

■ **参考：酸化数（oxidation number），原子価（valence），および酸化状態（oxidation state）**

原子価は共有結合における結合の手の数であり，有機化合物中についてはほとんど成立する．酸化数は化学結合が純粋にイオン性としたときの各構成元素のもつ形式的な電荷であり，化合物の他の原子をすべてイオンとして離した場合に考えている原子に残った電荷のことをさす．たとえば，Snは，Sn(IV)あるいはSn^{4+}，Sn(II)あるいはSn^{2+}のように，+4と+2の酸化状態を示す，というように使う．H_2のHの原子価は1であるが酸化数は0である．O_2のOの原子価は2，酸化数は0である．HClのHの酸化数は+1でClは−1であり，原子価は両原子とも1である．NH_3のNは−3，HNO_3のNは+5，となる．

2.3 典型元素の特徴と代表的化合物   35

表 2.6 14族元素の特性

周期	原子番号	元素記号	元素名(同素体)	電子配置	密度 [g cm^{-3}]	融点 [K]	特色・関連事項
第2	6	C	炭素(黒鉛)	[He]$2s^22p^2$	2.260	3643*	グラファイト, 電気伝導性, 電極材料, 金属光沢
			(ダイヤモンド)		3.513	3823	ダイヤモンド, 絶縁体, 最も硬い, 研削工具
			(フラーレン)		—	723*	ベンゼンに可溶
第3	14	Si	ケイ素	[Ne]$3s^23p^2$	2.329	1683	バンドギャップ 115.8 kJ mol^{-1}
第4	32	Ge	ゲルマニウム	[Ar]$3d^{10}4s^24p^2$	5.253	1210	バンドギャップ 75.3 kJ mol^{-1}
第5	50	Sn	スズ(α-Sn)	[Kr]$4d^{10}5s^25p^2$	5.750	—	灰色, ダイヤモンド型構造, 286 K 以下で安定
			(β-Sn)		7.310	505	白色, 正方晶, 286 K 以上で安定
第6	82	Pb	鉛	[Xe]$4f^{14}5d^{10}6s^26p^2$	11.350	601	非鉛系材料の開発が緊急課題

*昇華

合半導体は新しい表示方式である発光ダイオードとして発展している. また, SnO_2 を添加した In_2O_3 は ITO (indium tin oxide) と呼ばれ, 液晶表示や太陽電池などの透明電極材料として多量に使用されている. 一方, $Tl_2Ba_2Ca_2Cu_3O_{10}$ で表されるセラミック酸化物は 125 K 以下で**超伝導**を示す材料として話題になっている.

b. 14族元素(炭素族元素)

電子配置が $(ns)^2(np)^2$ と表記される 14 族元素は**炭素族**と呼ばれ, 炭素 (C), ケイ素 (Si), ゲルマニウム (Ge), スズ (Sn), 鉛 (Pb) からなる. 表 2.6 に 14 族元素の特性をまとめた.

C は非金属であり, Si と Ge は半導体で, Sn と Pb は金属である. 14 族元素の多くは酸化数 +4, あるいは原子価 4 の化合物をつくる. 特に C は 1, 2 族, 多くの遷移元素, ハロゲン, B, Si, N, O, P, S などと多くの化合物を形成し, 数百万もの有機化合物が知られている. Si もケイ酸塩鉱物や多くの有機ケイ素ポリマーが知られている.

14 族元素はハロゲン (X) によって酸化され, MX_4 (M = C, Si, Ge) となる. また, 酸素によって酸化され MO_2 (M = C, Si, Ge, Sn) となる. この中で, 圧電体である石英 (SiO_2) はクオーツ時計などの振動子として, SiO_2 ガラスは光通信用の光ファイバーとして使われている (図 2.10).

図 2.11 に 13, 14, 15 族に属する各単体の融点を比較した. 14 族元素において, C と比較して Si の大きな融点の低下は, Si の Si-Si 間の距離の増大による結合の弱小化に起因している. また, Ge に比

超伝導

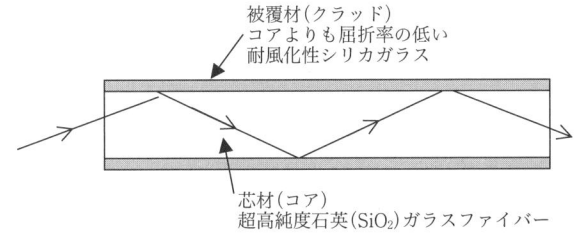

低温のある温度(臨界温度)以下で急激に電気抵抗がゼロになる現象である. 1911 年オンネス (H. K. Onnes) により Hg の電気抵抗が 4.3 K で 1/500, 3 K で 1/10^6 になることが発見されて以来, 多くの活発な研究が続いている.

図 2.10 光通信用ガラスファイバーの構造

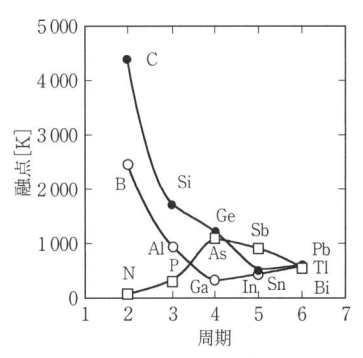

図 2.11 13, 14, 15 族元素の融点

同素体

　14族をはじめ，15，16族に特徴的な特性の一つに**同素体**（allotrope）の存在がある．同素体とは，元素が同じで構造や性質が異なるものをいう．たとえば，炭素の同素体には黒鉛（グラファイト），ダイヤモンド，無定形炭素，サッカーボール状のフラーレン（fullerene）（C_{60}），さらにC原子が筒状になったカーボンナノチューブなどが存在する．これらの同素体の構造を図2.12に示した．

　このうち，黒鉛は層状構造のため電気伝導性と潤滑性があり，電極材料や鉛筆に用いられる．最も硬い物質であるダイヤモンドは高温，高圧下（たとえば，1773 K，50 GPa）で合成されるが，最近になって気相合成にも成功している．スズは低温型の灰色のα-Sn，室温以上で安定な白色のβ-Snおよびγ-Snの3種類の同素体がある．

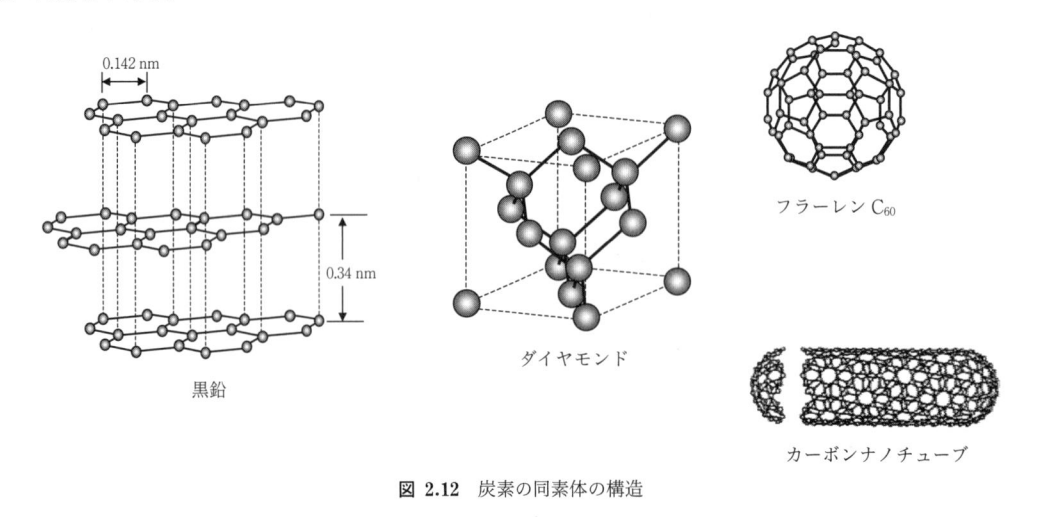

図2.12 炭素の同素体の構造

べてSnの融点の低下は共有結合から金属結合への変化に対応している．同様に，第3周期のAlからSi，GaからGeにおける融点および融解熱の大きな増加は金属結合から共有結合への変化に対応している．また，14族の共有結合のC，Siと15族のN，Pとの間できわめて大きい物性の違いがみとめられる．また，第6周期に位置する元素の融点は族に関係なく，同程度の融点（～500 K）になることは興味深い．

c. 15族元素（窒素族元素）

　電子配置が$(ns)^2(np)^3$と表記される15族は**窒素族**と呼ばれ，窒素（N），リン（P），ヒ素（As），アンチモン（Sb），ビスマス（Bi）からなる（表2.7）．Nは気体の非金属，Pは固体の非金属，AsとSbはメタロイド，Biは金属である．

　Nでは，HNO_3の+5からNH_3の-3までの酸化状態をとるが，P，As，Sbと周期が高くなるにつれて+5と+3が安定になる傾向がある．酸化物は元素の非金属性や金属性を反映して，酸性→両性→塩基性酸化物と変化する．また，15族元素との化合物のほとんどは共有結合性である．N_2分子間の結合は77 Kで沸騰するほど弱い結合

> **不思議な窒素**
>
> 　窒素は不思議な原子である．その名前の由来はドイツ語のStickstoff（窒息させる物質）であり，フランス語ではアゾド（生命のないもの）と命名されている．一方，「生命とはタンパク質の存在様式である」といわれているが，窒素がなければタンパク質も存在しないわけで，窒素はリンやカリウムとともに植物の3大肥料の一つであり，乾燥した動物の体には1〜10%の窒素が含まれていることなどからもわかるように，窒素は生命現象と密接に関係しているのである．
>
> 　19世紀の終わりごろ，経済活動の活発化に伴い，農産物の生産も大規模になるが，当時肥料として使用できる窒素源はチリ硝石のみであった．このため，空気中の窒素を固定することが急務となり，アンモニアや硝酸の合成研究が活発にならざるをえなかったのである．

表 2.7　15族元素の特性

周期	原子番号	元素記号	元素名	電子配置	密度 [g cm^{-3}]	融点 [K]	特色・関連事項
第2	7	N	窒素	[He]$2s^22p^3$	0.00125*	63.3	化学的に不活性，大気の78.1%を占める，沸点：77.4 K
第3	15	P	リン	[Ne]$3s^23p^3$	1.820	317	黄リン，猛毒，573 K → 赤リン，高圧 → 黒リン
第4	33	As	ヒ素	[Ar]$3d^{10}4s^24p^3$	5.780	1090	αヒ素，灰色，金属ヒ素，同素体（黄色，黒色ヒ素）
第5	51	Sb	アンチモン	[Kr]$4d^{10}5s^25p^3$	6.691	904	銀白色，半金属，蛍光体の付活
第6	83	Bi	ビスマス	[Xe]$4f^{14}5d^{10}6s^26p^3$	9.747	544	銀白色金属，Sn-Bi系ハンダ，蛍光体の付活

*273 Kでの気体の密度

力である．一方，P_4分子で存在するP単体は，Nより分極が大きいので，結合力は強く，融点は317 Kと高い．Asの結合は強いため，その融点は1090 Kと15族中で最も高い（図2.11）．

　Nの酸化物には，N_2O，NO，N_2O_3，NO_2，N_2O_4，N_2O_5などが知られている．特に，NOとNO_2はノックス（NOx）と呼ばれ，大気汚染物質として社会問題になっている．また，笑気ガスと呼ばれるN_2Oは歯科の麻酔薬として使用されている．

　Pには，発火性と毒性の強い黄リン（白リン），弱い赤リン，きわめて安定な黒リンの同素体がある．Pを燃やして得られる五酸化リン（P_2O_5）は強い乾燥，脱水剤として利用される．AsはGaAsなどの化合物半導体として使用される．

d. 16族元素（酸素族元素またはカルコゲン）

　電子配置が$(ns)^2(np)^4$からなる16族は**酸素族**と呼ばれ，酸素(O)，硫黄(S)，セレン(Se)，テルル(Te)，ポロニウム(Po)が含まれる（表2.8）．また，S，Se，Teの3元素を総称して**カルコゲン**（chalcogen）と呼ぶ．Oは地球上で最も豊富に存在する元素であるため，希ガス以外のすべての元素と酸化物を生じる．Oの酸化数は−2，あるいは2個の電子を用いた共有結合が安定である．Oより高周期のSの酸化数はH_2SO_4で見られる+6，Seで+4が安定になる．

　分子中にO原子を含み，イオン化して酸になりうる水酸基をもつ

表 2.8 16 族元素の特性

周期	原子番号	元素記号	元素名	電子配置	密度 [g cm^{-3}]	融点 [K]	特色・関連事項
第2	8	O	酸素	[He]$2s^22p^4$	0.001429*	55	常温で気体, 沸点：-90 K
第3	16	S	硫黄	[Ne]$3s^23p^4$	2.070	386	非金属, 斜方晶(α硫黄), 368.7 K → 単斜晶(β硫黄)
第4	34	Se	セレン	[Ar]$3d^{10}4s^24p^4$	4.790	490	半金属, 金属セレン(六方晶), 灰色, 同素体多い
第5	52	Te	テルル	[Kr]$4d^{10}5s^25p^4$	6.240	723	半金属, 金属テルル(六方晶), もろい
第6	84	Po	ポロニウム	[Xe]$4f^{14}5d^{10}6s^26p^4$	9.320	527	金属, 灰白色, 二分子気体として揮発しやすい

*273 K での気体の密度

酸は**オキソ酸**（oxoacid）と呼ばれ, 硝酸 HNO$_3$ [=HO·NO$_2$], 硫酸 H$_2$SO$_4$ [=(HO)$_2$SO$_2$], リン酸 H$_3$PO$_4$ [=(HO)$_3$PO] など非金属元素の酸化物や水との反応で生じる酸はすべてオキソ酸である.

e. 17 族元素（ハロゲン）

電子配置が $(n\mathrm{s})^2(n\mathrm{p})^5$ からなる 17 族元素は**ハロゲン元素**と呼ばれ, フッ素 (F), 塩素 (Cl), 臭素 (Br), ヨウ素 (I), アスタチン (At) がこれに属する（表 2.9）. F$_2$ は淡緑黄色の気体, Cl$_2$ は黄緑色の気体, Br$_2$ は暗赤色の液体, I$_2$ は黒紫色の固体というように多彩である.

ハロゲンの融点, 沸点および融解熱は, アルカリ金属とは逆に, 高周期になるほど増大する. この理由は, 二原子分子であるハロゲン分子は, 原子半径が大きいほど分極が大きいため, 分子間の相互作用が大きくなることによる.

表 2.9 17 族元素の特性

周期	原子番号	元素記号	元素名	電子配置	密度 [g cm^{-3}]	融点 [K]	特色・関連事項
第2	9	F	フッ素	[He]$2s^22p^5$	0.001696	53	淡緑黄色気体, ウラン濃縮に UF$_6$, 沸点：85 K
第3	17	Cl	塩素	[Ne]$3s^23p^5$	0.003214	172	黄緑色気体, 水道水やプールの殺菌, 沸点：239 K
第4	35	Br	臭素	[Ar]$3d^{10}4s^24p^5$	3.123	265.9	暗赤色非金属液体, 固体は分子結晶, 沸点：332 K
第5	53	I	ヨウ素	[Kr]$4d^{10}5s^25p^5$	4.930	387	黒紫色非金属固体, 甲状腺に集積, 沸点：457 K
第6	85	At	アスタチン	[Xe]$4f^{14}5d^{10}6s^26p^5$	9.320	575	金属性, 放射性, 常温揮発性, 沸点：610 K

f. 18 族元素

電子配置が $(n\mathrm{s})^2(n\mathrm{p})^6$ からなる 18 族元素にはヘリウム (He), ネオン (Ne), アルゴン (Ar), クリプトン (Kr), キセノン (Xe), ラドン (Rn) が属する（表 2.10）. 最外殻電子配置は $(n\mathrm{s})^2(n\mathrm{p})^6$ の閉殻で, きわめて安定であるため, これらの元素はすべて単原子分子であり, 化学反応性はきわめて低い. そのため, これらは**不活性ガス**（inert gas）あるいは**希ガス**（rare gas）とも呼ばれる. 大気中に存在する希ガスは Ar が最も多く 0.9%, 以下 Ne, He, Kr, Xe の順に 18×10^{-6}, 5×10^{-6}, 1.1×10^{-6}, 0.087×10^{-6}% となっている.

表 2.10 18族元素の特性

周期	原子番号	元素記号	元素名	電子配置	密度 [g cm^{-3}]	融点 [K]	特色・関連事項
第1	2	He	ヘリウム	$1s^2$	0.0001785	-1^*	沸点：4.2 K
第2	10	Ne	ネオン	$[He]2s^22p^6$	0.0008999	24	沸点：27.1 K
第3	18	Ar	アルゴン	$[Ne]3s^23p^6$	0.001784	84	沸点：87 K，空気中約1％含有
第4	36	Kr	クリプトン	$[Ar]3d^{10}4s^24p^6$	0.0037493	116	沸点：121 K，放電管用封入ガス
第5	54	Xe	キセノン	$[Kr]4d^{10}5s^25p^6$	0.00589	161	沸点：165 K
第6	86	Rn	ラドン	$[Xe]4f^{14}5d^{10}6s^26p^6$	0.0097	202	沸点：211 K，安価なα線源として昔は多用した

*加圧下

2.4 遷移元素の特徴と代表的化合物

遷移元素（2.2節参照）の単体，イオン，化合物の性質は典型元素とは著しく異なっている．典型元素のイオン性化合物は無色で，反磁性であるが，遷移元素の化合物の多くは強く着色し，不対電子のため常磁性を示す．

遷移元素は，典型元素のように族ごとの縦の類似性は顕著でなく，横の類似性が強い．一般には次のような傾向をもつ．

1) 典型元素では各周期で金属から非金属への変化があったが，遷移元素ではすべて金属である．
2) 単体は硬くて機械的強度が大きい高融点の重金属である．
3) 遷移元素の化合物の多くは強く着色し，不対電子をもっているので**常磁性**（6.3.3項参照）を示す．
4) 多種類の酸化数を示し，低酸化数のときは安定な陽イオンに，高酸化数のときはオキソ酸（2.3.2項d.参照）などの陰イオンになりやすい．
5) ルイス酸（6.2節参照）としての性質が大きく，触媒性，錯体形成能力（第6章参照），**非化学量論性**（non-stoichiometry）（化合物の組成が定比組成から少し外れること）などの特徴がある．

2.4.1 主遷移元素（dブロック元素）

第4周期から第7周期の3族から11族の元素（ランタノイドとアクチノイドを除く）の種類と電子配置の特徴は

1) 第4周期の元素で3d殻が満たされていく $_{21}Sc \sim _{29}Cu$：
   $[Ar]3d^{1-10}4s^2$（**第一遷移元素**）
2) 第5周期の元素で4d殻が満たされていく $_{39}Y \sim _{47}Ag$：
   $[Kr]4d^{1-10}5s^2$（**第二遷移元素**）
3) 第6周期の元素で5d殻が満たされていく $_{72}Hf \sim _{79}Au$：

$[Xe]4f^{14}5d^{2-10}6s^2$（**第三遷移元素**）

4) 第7周期の元素で6d殻が満たされていく $_{104}$Rf～：
$[Rn]5f^{14}6d^2～7s^2$

であり，最外殻のs軌道が満たされてから内殻のd軌道が満たされていく．

第一遷移系列元素の酸化状態の多くは+2であるが，第二遷移系列元素では+1から+5，第三遷移系列元素では+2から+4のいずれかが安定になる．元素の種類によって+3から+7の不安定な酸化状態も観察される．2族のCa（最外殻電子配置は $3d^04s^2$）と12族元素のZn（$3d^{10}4s^2$）は遷移元素に入れない．電子材料など機能性材料の重要な元素として話題になっている**希土類元素**（rare earth element）は，3族のSc，Y，ランタノイドの15元素およびアクチノイドの15元素のことである．

a. 3族元素（スカンジウム族）（表2.11）

3族元素は，dブロック元素のスカンジウム（Sc），イットリウム（Y），fブロック元素のランタン（La），アクチニウム（Ac）である．これらのイオンはいずれも酸化数+3の d^0 構造になるので，イオンや化合物は無色で反磁性である．金属はきわめて反応性に富み，いずれも水酸化物 $M(OH)_3$，酸水酸化物（塩基性酸化物）MO·OHをつくるが，加熱すると容易に酸化物 M_2O_3 になる．また，Hとは約300℃で反応し，不定比組成の水素化物を生成する．発信波長1.06 μmの大出力固体レーザーとして使用される**YAG**は，イットリウムアルミニウムガーネットの略称で，これにネオジム Nd^{3+} を1 mol%ほど加えた複酸化物 $3Y_2O_3·5Al_2O_3(Y_3Al_5O_{12})$ の単結晶である．

表 2.11 3族元素の特性

周期	原子番号	元素記号	元素名	電子配置	密度 $[g\,cm^{-3}]$	融点 [K]	特色・関連事項
第4	21	Sc	スカンジウム	$[Ar]3d^14s^2$	3.05	1673	淡灰白色，α(hcp)型*とβ(ccp)型*
第5	39	Y	イットリウム	$[Kr]4d^15s^2$	4.57	1763	灰色，hcp構造
第6	57	La	ランタン	$[Xe]5d^16s^2$	6.16	1085	わずかに展性，ハロゲンと容易に反応
第7	89	Ac	アクチニウム	$[Rn]6d^17s^2$	—	約1323	放射性，La化合物より塩基性大

*8.2.1項参照

b. 4族元素（チタン族）（表2.12）

チタン（Ti），ジルコニウム（Zr），ハフニウム（Hf）の3元素である．いずれも+4が安定な酸化状態であり，d^0 構造になるので，イオンや化合物は無色で反磁性である．金属は薄い酸化被膜によって**不働態**（passive state）となっており，室温では安定である．スカンジウム族と同様に水素を吸収する．

チタン金属，Ti-6Al-4V合金，Ni-Ti合金は生体材料として利用

不働態
　金属表面が酸化されて生じた被膜により内部が保護されること．

表 2.12 4族元素の特性

周期	原子番号	元素記号	元素名	電子配置	密度 [g cm^{-3}]	融点 [K]	特色・関連事項
第4	22	Ti	チタン	[Ar]$3d^24s^2$	4.5	1998	銀白色，α(hcp)が1155Kでβ(bcc)
第5	40	Zr	ジルコニウム	[Kr]$4d^25s^2$	6.52	2120	ジルコン($ZrSiO_4$)として産出，脱酸素剤
第6	72	Hf	ハフニウム	[Xe]$5d^26s^2$	13.08	2500	hcp構造，化学的性質はZrと酷似

されている．Ni-Ti合金は**形状記憶合金**（shape-memory alloy）としての特性をもつ．+4以外の低酸化状態は不安定で，+2は水でも還元してしまうほどの強さである．また，加熱すると下式のように**不均化反応**（disproportionation）を起こす傾向がある．

$$2\,Ti(III)Cl_3 \longrightarrow Ti(IV)Cl_4 + Ti(II)Cl_2$$
$$2\,Ti(II)Cl_2 \longrightarrow Ti(IV)Cl_4 + Ti$$

二酸化物MO_2はきわめて安定で水不溶性，不揮発性である．酸化チタンには黒色のTiO，黒紫色のTi_2O_3，白色顔料として多量に塗料などに使用されているTiO_2がある．チタニアTiO_2の結晶系にはルチル型，アナターゼ型，ブルッカイト型の3種がある．ルチル型が最も普通であるが，**光触媒**（photocatalyst）として話題の酸化チタンはアナターゼ型である．図2.13に水の分解のメカニズムを示す．

ジルコニアZrO_2は高融点（2993 K）で，熱伝導率は低く，化学的耐浸食性も大きい特性を有する．しかし，温度により結晶構造が種々変化するので，CaO，MgOあるいはY_2O_3を数％ほど固溶させた安定化ジルコニアは耐火物，高温断熱材，高温ルツボ用セラミックスとして使われる．また安定化ジルコニアは酸化物イオン伝導度が高い**固体電解質**（solid electrolyte）であり，酸素センサーとして利用されている（図2.14）．また，「セラミックスチール」とも称されて登場した部分安定化ジルコニアセラミックスは，セラミックスの中では最も高い破壊靱性値を示すことで知られる．

c. 5族元素（バナジウム族）（表2.13）

バナジウム（V），ニオブ（Nb），タンタル（Ta）の3元素で，それぞれ幅広い酸化状態をもつ．Vは硬く，高融点，高耐食性であり，

形状記憶合金

ある形状を一度記憶させると，外力を加えて変形させても加熱することにより元の形状に回復する性質を有する合金．

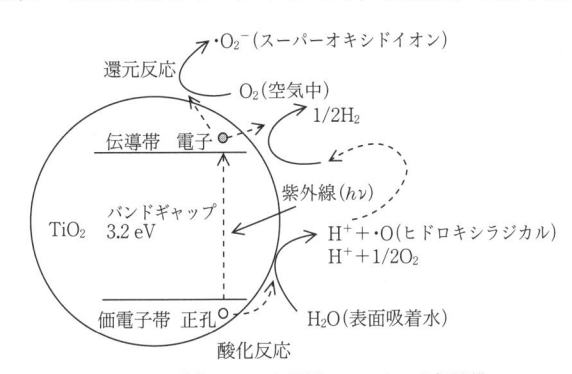

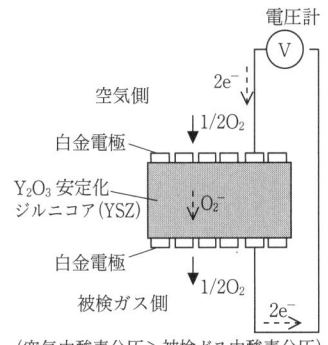

図 2.13 酸化チタン光触媒による水の分解機構

図 2.14 ジルコニア固体電解質を使用した酸素センサー

表 2.13　5族元素の特性

周期	原子番号	元素記号	元素名	電子配置	密度 [g cm^{-3}]	融点 [K]	特色・関連事項
第4	23	V	バナジウム	[Ar]$3d^3 4s^2$	5.98	1 990	バナジン石 $Pb_5(VO_4)_3Cl$ として産出
第5	41	Nb	ニオブ	[Kr]$4d^3 5s^2$	8.56	2 223	灰白色，延展性に富む
第6	73	Ta	タンタル	[Xe]$4f^{14} 5d^3 6s^2$	16.64	3 303	医療，歯科用器具

Ti と似ている．いずれも水素と非化学量論組成の水素化物をつくる．いくつかの反応例を以下に示す．

$$4\,M + 5\,O_2 \longrightarrow 2\,M_2O_5 \qquad (高温，M = V,\ Nb,\ Ta)$$

$$2\,M_2O_5 + 10\,F_2 \longrightarrow 4\,MF_5 + 5\,O_2 \quad (M = V,\ Nb,\ Ta)$$

$$2\,M_2O_5 + 10\,X_2 \longrightarrow 4\,MX_5 + 5\,O_2 \quad (M = Nb, Ta,\ X = F, Cl, Br, I)$$

d. 6族元素（クロム族）（表2.14）

クロム（Cr），モリブデン（Mo），タングステン（W）の3元素で，それぞれ幅広い酸化状態をもつ．金属は硬く，高融点で，W（3 683 K）は炭素（3 823 K）についで高い．Cr 金属表面は緻密な酸化被膜で不働態化されるので，Cr メッキが広く行われている．耐食性に優れた合金鋼の総称であるステンレス鋼は 12% 以上の Cr を含む鋼である．13%Cr 含有では 13 Cr ステンレス鋼，18% で 18 Cr ステンレス鋼，18%Cr-8%Ni 含有で 18-8 ステンレス鋼と呼ばれる．$3d^3$ 電子配置を有する Cr^{3+} は高い**結晶場安定化エネルギー**（6.3節参照）をもつため，最も安定な状態である．Cr^{3+} 溶液に NaOH を加えると

$$Cr^{3+} + OH^- \longrightarrow Cr_2O_3(H_2O)_n\downarrow$$

のように水和酸化物が沈殿し，$Cr(OH)_3$ は生成しない．一方，酸化物の CrO_3，MoO_3，WO_3 は強酸性酸化物で，NaOH 水溶液に溶かすと

$$MO_3 + 2\,NaOH \longrightarrow 2\,Na^+ + MO_4^{2-} + H_2O \quad (M = Cr,\ Mo,\ W)$$

のようにクロム酸イオン，モリブデン酸イオン，タングステン酸イオンを生じる．強酸性にすると次式のように二クロム酸イオンになる．

$$2\,CrO_4^{2-} \underset{}{\overset{2\,H^+}{\rightleftharpoons}} Cr_2O_7^{2-} + H_2O$$
　　　（黄色）　　　　（オレンジ色）

$Na_2Cr_2O_7$ はクロム化合物の中では皮革のクロムなめし，アルミニウムの陽極酸化被膜のための電解液などに使用される重要なものである．ハロゲン化酸化物である塩化クロミル CrO_2Cl_2，複塩のクロムミ

表 2.14　6族元素の特性

周期	原子番号	元素記号	元素名	電子配置	密度 [g cm^{-3}]	融点 [K]	特色・関連事項
第4	24	Cr	クロム	[Ar]$3d^5 4s^1$	6.92	2 073	銀白色の硬い金属，ニクロム，クロム鋼
第5	42	Mo	モリブデン	[Kr]$4d^5 5s^1$	10.23	2 893	モリブデン鉛鉱（$PbMoO_4$）として産出
第6	74	W	タングステン	[Xe]$4f^{14} 5d^4 6s^2$	19.24	3 673	電球などのフィラメント，高速度鋼

ョウバン $K_2SO_4·Cr_2(SO_4)_3·24 H_2O$ がよく知られている．モリブデン酸塩とタングステン酸塩の溶液を酸性にすると，重合して多くの**ポリ酸塩**になる．これらポリ陰イオンはすべて MO_6（M＝Mo, W）八面体が頂点または稜を共有して連結している．ポリ陰イオンがすべて同じ場合を**イソポリ酸**，リン酸イオンやケイ酸イオンのような異なる陰イオンと重合している場合を**ヘテロポリ酸***という．

*ヘテロポリ酸の例として，リン酸イオンの検出に応用されているリンモリブデン酸アンモニウム $(NH_4)_3[PO_4·Mo_{12}O_{36}]$ が知られている．

e. 7族元素（マンガン族）（表2.15）

マンガン（Mn），テクネチウム（Tc），レニウム（Re）の3元素で，最高酸化数は＋7までの幅広い酸化状態をもつ．族の下にいくほど最高酸化状態の安定性が増大し，低酸化数の安定性は低下して強い還元性を示す．＋7の MnO_4^- は強い酸化剤で，有機合成においてよく利用される．マンガンの最も安定な酸化数は＋2であるが，アルカリ性溶液中で容易に酸化されて黒色の MnO_2 になる．黒色の TcO_2，茶色の ReO_2，WO_3 と同じ構造の赤い ReO_3 がよく知られる．

表 2.15 7族元素の特性

周期	原子番号	元素記号	元素名	電子配置	密度 [g cm^{-3}]	融点 [K]	特色・関連事項
第4	25	Mn	マンガン	$[Ar]3d^54s^2$	7.21	1520	赤みのある灰色，マンガン鋼，電池
第5	43	Tc	テクネチウム	$[Kr]4d^55s^2$	11.50	2413	人工元素，hcp構造
第6	75	Re	レニウム	$[Xe]4f^{14}5d^56s^2$	21.3	3440	黒色または暗灰色の粉末，触媒

f. 8族元素（鉄族），9族元素（コバルト族），10族元素（ニッケル族）（表2.16, 17, 18）

8，9，10族に属する元素のうち，Fe, Co, Ni を除く6元素は**白金族元素**とも呼ばれる．Fe, Co, Ni および白金族金属は，有色化合物，種々の原子価，触媒活性，**配位化合物**（coordination compound）（6.2節参照）をつくるといった典型的な遷移元素の特性を示す．金属の反応性は Fe → Co → Ni → 白金族元素，の順に低下す

表 2.16 8族元素の特性

周期	原子番号	元素記号	元素名	電子配置	密度 [g cm^{-3}]	融点 [K]	特色・関連事項
第4	26	Fe	鉄	$[Ar]3d^64s^2$	7.86	1800	白色，強磁性，地殻中の存在4位
第5	44	Ru	ルテニウム	$[Kr]4d^75s^1$	12.30	2773	硬くてもろい，電極，光触媒
第6	76	Os	オスミウム	$[Xe]4f^{14}5d^66s^2$	22.6	2773	物質中最大密度，hcp構造

表 2.17 9族元素の特性

周期	原子番号	元素記号	元素名	電子配置	密度 [g cm^{-3}]	融点 [K]	特色・関連事項
第4	27	Co	コバルト	$[Ar]3d^74s^2$	8.8	1763	強磁性，耐食鋼，メッキ材料
第5	45	Rh	ロジウム	$[Kr]4d^85s^1$	12.41	2240	銀白色，ccp構造，熱電対
第6	77	Ir	イリジウム	$[Xe]4f^{14}5d^76s^2$	22.4	2727	酸に不溶，高温ルツボ

表 2.18 10族元素の特性

周期	原子番号	元素記号	元素名	電子配置	密度 [g cm^{-3}]	融点 [K]	特色・関連事項
第4	28	Ni	ニッケル	[Ar]3d^{8}4s^2	3.845	1728	メッキ，Ni-Cd 電池，ニクロム
第5	46	Pd	パラジウム	[Kr]4d^{10}	12.03	1828	水素吸収体，触媒
第6	78	Pt	白金	[Xe]4f^{14}5d^{9}6s^1	21.4	2046	延展性に富む，電極，温度計，触媒

る．白金族における反応性は，逆に，Ru → Rh → Pd, Os → Ir → Pt, の順に増加する．

鉄族の鉄（Fe）は代表的な強磁性体である．最高酸化数はFeで+6，RuとOsは+8までの幅広い酸化状態をもつ．非酸化性の塩酸ではFe^{2+}，酸化性の硝酸ではFe^{3+}となって溶け，H$_2$を発生する．鉄の鉱石には赤鉄鉱（Fe$_2$O$_3$，ヘマタイト），磁鉄鉱（Fe$_3$O$_4$，マグネタイト，黒色），褐鉄鉱（FeO(OH)，鉄サビと同じ成分），りょう鉄鉱（FeCO$_3$），黄鉄鉱（FeS$_2$）がある．Feの酸化物はFe$_{0.95}$O（ウスタイト，黒色）のように金属不足の非化学量論組成になりやすい．他の2元素の酸化物には，Ru$_2$O$_3$・nH$_2$O（黒色），RuO$_2$（青黒色），RuO$_4$（オレンジ色），OsO$_2$（銅色），OsO$_4$（無色）がある．Fe(II)は多くの錯体をつくり，その多くは八面体構造をとる．血液色素のヘモグロビンは，肺で酸素をとり，体内の各所で水分子と置き換わって，酸素を運搬する．複塩として使用されるアンモニウムミョウバン（Fe$_2$(SO$_4$)$_2$・(NH$_4$)$_2$SO$_4$・24 H$_2$O），カリウムミョウバン（Fe$_2$(SO$_4$)$_2$・K$_2$SO$_4$・24 H$_2$O）は重要な化合物である．

コバルト（Co）はFeよりも硬く，強磁性体である．比較的反応性に乏しく，希酸にはゆっくり溶けるが，鉄と同じく濃硝酸では不働態になる．Rh, Irは水，酸とも反応しない．酸化物には，CoO, Rh$_2$O$_3$, IrO$_2$がある．65%Co-30%Cr-5%Mo合金（バイタリウム）は歯科・外科治療用，人工関節用などの生体材料として用いられる．

ニッケル（Ni）はFeと同様に延性・展性に富み，強磁性体であ

「効き目も一番，副作用も一番」として評判の制がん剤シスプラチン

強力な制がん剤であるシスプラチンは，シス型ジアンミンジクロロ白金（II）錯体（下図）のことで，1965年に米国で制がん作用が見つかった．シスプラチンは細胞のDNAの塩基と結合することによってがん細胞を殺す働きをする．正常細胞にも作用するため，腎臓障害，嘔吐と食欲不振などの副作用が現れる．化合物としては160年も前から知られていた既知物質に新たな機能を発見した例である．NH$_3$基はPtに強く結合しているが，Clは結合が弱く環境に応じて他のイオンに置換される．シスプラチン分子は中性なので細胞膜を通過して細胞内に移行して機能を発揮すると考えられている．

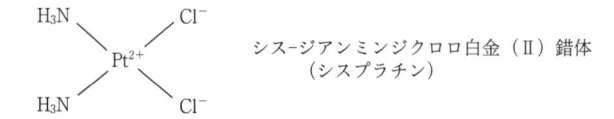

シス-ジアンミンジクロロ白金（II）錯体
（シスプラチン）

る．二次電池である Ni/Cd 電池（3.5 節参照）のカソードや有機合成反応における触媒として重要な元素である．希酸と反応して H_2 を発生し，Ni^{2+} になって溶ける．濃硝酸および王水中では不働態になる．Ni 金属はきわめて安定なので，メッキとして広く使われている．

Pd は希酸に徐々に溶け，濃硝酸および王水には溶解する．Pt は酸とは反応しないが，思われているほど不活性ではなく，王水とは $H_2[PtCl_6]$ となって溶ける．シスプラチンで知られる抗がん剤は Pt 錯体である．Pt 触媒としての利用も広い．白金黒はきわめて微細な粒子からなる Pt 粉末で，還元剤を加えた Pt 塩水溶液を電解して得られる．

g．11 族元素（銅族）（表 2.19）

銅（Cu），銀（Ag），金（Au）の 3 元素である．最も高い電気伝導性と熱伝導性をもつ．Cu は Ag についで電気伝導性がよいので，電線として用いられている．

Cu は硝酸とは

$3\,Cu + 8\,HNO_3 \longrightarrow 2\,NO + 3\,Cu(NO_3)_2 + 4\,H_2O$　（希硝酸）

$Cu + 4\,HNO_3 \longrightarrow 2\,NO_2 + Cu(NO_3)_2 + 2\,H_2O$　（濃硝酸）

$Cu + O_2 \longrightarrow CuO \longrightarrow Cu_2O$　（赤熱 → 高温加熱）

のように反応するが，非酸化性の酸には侵されない．Ag は濃硝酸，濃硫酸に溶けるが，Au は王水以外のあらゆる酸に対して不活性である．Ag と Au は O_2 と反応しない．Cu と Ag は H_2S や S と反応するが，Au は反応しない．Cu および Ag は抗菌材として使用される．1986 年にドイツのベドノルツ（J. G. Bednorz）とミューラー（K. A. Müller）により発見され一大ブームになったセラミック超伝導体は La-Ba-Cu-O 系化合物で，電気抵抗ゼロになる臨界温度は 27 K であった．その後，La-Sr-Cu-O 系で 37 K，Y-Ba-Cu-O 系で 90 K といった記録が報告されている．ブロンズ（スズ青銅）は Cu-Sn 合金であり，50 円，100 円硬貨に使われている白銅は Cu-Ni 合金である．

表 2.19　11 族元素の特性

周期	原子番号	元素記号	元素名	電子配置	密度 [g cm^{-3}]	融点 [K]	特色・関連事項
第 4	29	Cu	銅	[Ar]$3d^{10}4s^1$	8.93	1356	延展性，熱・電気の良導体
第 5	47	Ag	銀	[Kr]$4d^{10}5s^1$	10.50	1233	貨幣，装飾品，感光材料
第 6	79	Au	金	[Xe]$4f^{14}5d^{10}6s^1$	19.3	2336	延展性著しく大，貨幣，装飾品

2.4.2　内遷移元素（f ブロック元素）

内遷移元素の種類と電子配置は第 6 周期 3 族の $_{57}$La～$_{71}$Lu までの 15 元素（ランタノイド，略記：Ln）：[Xe]$4f^{0-14}5d^{0-1}6s^2$，第 7 周期 3 族の $_{89}$Ac～$_{103}$Lr までの 15 元素（アクチノイド，略記：An）：[Rn]

$5f^{0-14}6d^{0-2}7s^2$ であり,最外殻の s 軌道が満たされてから 2 つ内側の内殻の f 軌道が埋まっていく.安定な酸化数は,ランタノイドでは +3,アクチノイドでは +3 あるいは +4 から +6 のいずれかである.

a. ランタノイド (lanthanoids) (Ln)

ランタノイド (**第一内遷移系列**) の 15 元素では,[Xe]$5d^16s^2$ の電子配置に加えて,内殻の 4f 軌道が $4f^0$ のランタン (La) から $4f^{14}$ のルテチウム (Lu) まで順次満たされていく.4f 電子は 5s 電子と 5p 電子で外部の影響から遮へい (3.2 節参照) されているので,4f 電子は通常の化学的性質には関係せず,酸化数は +3 が普通であるが,Ce^{4+},Sm^{2+},Eu^{2+},Tb^{4+},Yb^{2+} の化合物も知られている.

金属は銀白色で,電気的陽性で,反応性に富む.酸化数 +3 のイオン性結合の化合物が主である.水や空気中で

$$Ln + 2\,H_2O \longrightarrow Ln(OH)_3 + H_2$$
$$Ln + O_2 \longrightarrow Ln_2O_3 \qquad (Ce + O_2 \longrightarrow CeO_2 は除く)$$
$$Ln + H_2 \longrightarrow LnH_2,\ LnH_3 \qquad (573\text{-}673\,K)$$

のように反応する.水素化物は安定である.塩化物や硝酸塩といった塩は通常は結晶水をもち,2 族元素の塩と同じ挙動を示す.酸化数 +3 のイオンは固体でも水溶液でも可視または近紫外領域のあざやかな色を示す.イオン半径は,右側へいくにしたがって核電荷は増加するが,f 電子による遮へい効果が完全ではないので,外側の電子は内側に引き寄せられ,**ランタノイド収縮** (lanthanoids contraction) といわれる減少を示す (Ce^{3+} の $r = 0.103$ nm から Lu^{3+} の $r = 0.085$ nm までの 0.018 nm).錯体をつくる傾向は,遷移元素に比べてイオン半径が大きいので,それほど大きくはない.

b. アクチノイド (actinoids) (An)

アクチノイド (**第二内遷移系列**) の 15 元素では,「重い元素」とも呼ばれ,[Rn]$6d^17s^2$ あるいは $6d^27s^2$ あるいは $6d^07s^2$ の電子配置に加えて,内殻の 5f 軌道が $5f^0$ のアクチニウム (Ac) から $5f^{14}$ のローレンシウム (Lr) まで順次満たされていく.酸化数は +3 が基本であるが,トリウム (Th) は +4 が唯一安定,プロトアクチニウム (Pa) は +5 が最も安定,ウラン (U) は +6 が最も安定である.U の核分裂の発見は 1939 年であるが,それ以来,詳細な U の研究が始まり,核燃料開発,より重い**超ウラン元素** (transuranic elements) の発見へとつながった.ウランの同位体は質量数 226~240 までの 15 種が知られており,すべて放射性である (第 9 章参照).ウラン (U),ネプチウム (Np),プルトニウム (Pu),アメリシウム (Am) は +3,+4,+5,+6 の酸化数を示し,互いに似ているが,安定な酸化数は U^{6+},Np^{5+},Pu^{4+},Am^{3+} と順次下がっていく.キュリウム (Cm) か

らLrまでは+3が最も安定であるが,ノーベリウム（No）（外殻電子配置：$5f^{14}6d^07s^2$）は例外で+2が最も安定である.

天然に存在する一番重い元素のU, およびそれ以降の超ウラン元素は人工的につくりだされた元素である. 半減期は^{232}Thの1.4×10^{10}年から^{254}Noの数秒までいろいろである. すべて金属で高い融点をもっている. イオンの大きさは，f電子の原子核電荷の遮へい効果が小さいことにより，右側へいくほど電子は内側へ引きつけられ，**アクチノイド収縮**（actinoids contraction）を示す. Thはモナザイト（(Th, Ln)PO_4）中にランタノイドとの混合物として含まれている. $Th(NO_3)_4 \cdot 5H_2O$はよく知られた化合物で，F^-イオンの定量に使われるが（硝酸トリウム沈殿法），放射性物質であることから管理されるべき物質になっている.

【演習問題】

1. 水素原子の$n=1$と$n=2$の間のエネルギーギャップを計算せよ.
2. なぜp電子の数は最大で6個, d電子は10個なのか.
3. 量子数が$n=4$, $l=3$, $m=4$の組み合わせは許されるか.
4. 次の原子およびイオンの基底状態における電子配置を書け.
   1) $_6$C 2) $_9$F 3) $_{20}$Ca 4) $_{83}$Bi 5) $_{82}$Pb^{2+}
5. 次の遷移元素およびイオンの基底状態における電子配置を書け.
   1) $_{22}$Ti 2) $_{22}$Ti^{2+} 3) $_{23}$V 4) $_{23}$V^{3+} 5) $_{28}$Ni 6) $_{28}$Ni^{2+} 7) $_{42}$Mo
   8) $_{42}$Mo^{3+}
6. 次の記述の正誤を答えよ.
   1) 1族および2族元素は金属性である.
   2) 1族金属よりも2族金属の方が高硬度・高融点・高密度である.
   3) ほとんどの1族および2族元素の化合物はイオン結合性である.
   4) 金属的性質は核電荷の増加とともに，金属→メタロイド→非金属のように変わる.
   5) 還元力は金属で強く，酸化力は非金属で強い.
   6) 1s軌道に対する2p軌道の遮へい効果は大である.
7. 以下の問いに答えよ.
   1) 第2周期元素（特にLi, Be, B）の異常性（anormalous behavior）とは何か.
   2) なぜアルカリ金属はきわめて反応活性が高く，強い還元性なのか.
   3) 対角線の関係（diagonal relationships）とは何か（Li/Mg, Be/Al, B/Si）.
   4) 不活性電子対効果（inert-pair effect）とは何か説明せよ.
   5) 水素やハロゲンは二原子分子で，不活性ガスは単原子分子である理由を説明せよ.
   6) NaとRbO_2における金属の酸化数はいくつか.
   7) NH_3とNF_3中でのNの酸化数はいくつか.

3 元素の化学的性質

第2章では，原子内の電子配置のしくみについて学び，それを基に周期表の成り立ちや元素の特徴を把握することができた．これらの元素が種々組み合わさって得られた化合物の化学結合はイオン結合，共有結合，金属結合など多岐にわたり，これが多種多様な性質や構造を発現する根源になっている．本章では，原子やイオンの組み合わせにより化合物を生成するとき重要な因子となる原子半径（イオン半径），イオン化エネルギー，電子親和力などについての基礎概念，電子の授受による酸化・還元，さらに電場中での固体の分極現象などについて学ぶことにより，次章以降で学ぶ化合物の形成を理解するための基礎固めとしたい．

3.1 原子半径およびイオン半径

一般に原子の大きさとは，原子核の周りを運動している電子の存在確率が90%以上の範囲を想定しているが，原子半径を具体的に求めるには，ある原子と別の原子との距離をベースにしている．すなわち，隣り合う同じ原子間の距離がわかれば，その1/2が原子半径を表すことになる．それゆえ，結合する相手の元素や結合様式が変わると，原子半径はいくぶん異なることに注意すべきである．

図 3.1(a) は金属の場合を示す．隣り合う原子間距離を d とすると，金属の半径 r_M はその1/2となり，この半径は**原子半径**（atomic radius）と呼ばれる．(b) は共有結合した分子の場合であり，**共有半径**（covalent radius）と呼ばれ，金属と同様に d の1/2である．一方，イオン結晶の構造は図3.2のような構造単位が繰り返して得られるが，この繰り返しの最小単位を**単位格子**（unit cell）という．図3.2に示した構造はNaCl型構造であるが，この場合，単位格子の大きさ（格子定数）は成分イオンの半径と，格子定数 $= 2(r_A + r_B)$ の関係がある．ここで，r_A および r_B は成分元素AおよびBの**イオン半径**（ionic radius）である．それゆえ，どちらかのイオン半径が既知であれば，他方のイオン半径も求めることができる．金属や無機結晶の格子定数はX線回折や電子線回折による構造解析から決めること

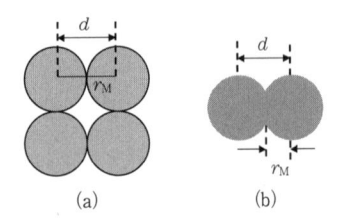

図 3.1 原子間距離と原子半径

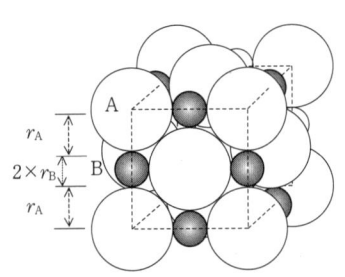

図 3.2 イオン性結晶ABの単位格子とイオン半径（r_A, r_B）との関係

ができる.

　原子（イオン）半径は元素の重要な特性の一つであり，その大きさによって結晶構造が決まり，物性も種々変化することになる．1, 2族および13～15族元素の原子半径の周期依存性を図3.3に示した．これから明らかなように，どの周期においてもアルカリ金属が最も大きい半径を示している．また，いずれの族も周期，すなわち主量子数nが増加すると外殻電子は核から遠ざかるため，原子は大きくなる．さらに同じ周期で見ると，原子番号が大きい原子の有効核電荷は大きく，それゆえ電子は核によって引きつけられるため，原子半径は小さ

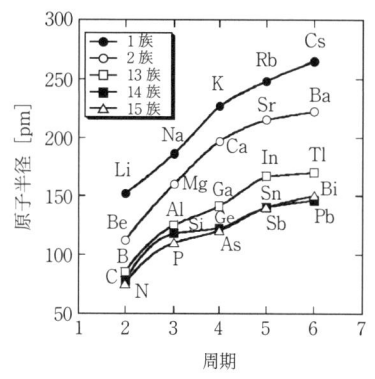

図3.3 原子半径の周期依存性

■ **参考：X線回折（X-ray diffraction）法**

　結晶に特性X線を当てるといろいろな結晶面群からX線が回折するので，結晶構造に特有の回折パターンが得られる．その回折条件は，結晶面間隔をd，X線の波長をλ，X線の入射角をθとすると，これらの間に

$$2d\sin\theta = n\lambda \quad (n：正の整数) \tag{3.1}$$

の関係があり，これは**ブラッグ（Bragg）の式**として知られている．図3.4に示すように，原子の規則的な配列からなる平行な格子面にX線が当たると，各原子の電子雲によってX線が回折する．このとき，上下の格子面で生じた光路差がX線の波長の位相と合致したときは明るく，位相がずれたときは暗くなる．X線の入射角度を変化させ，回折X線を記録すると，結晶構造に特有のパターンが得られる．例として，NaClのX線回折パターンを図3.5に示す．このパターンを解析すると結晶構造が決定できる．

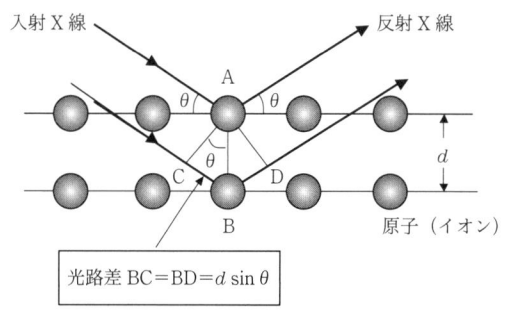

光路差 $BC = BD = d\sin\theta$

図3.4 ブラッグのX線回折模式図

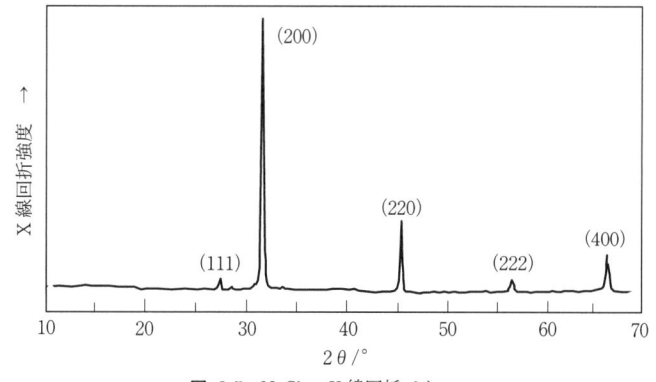

図3.5 NaClのX線回折パターン
入射X線：$CuK\alpha$ (0.154 nm)，図中の数字：格子面の指数．

くなる傾向が見られる．

一方，イオン半径についてはシャノン（R. D. Shannon）らがまとめた値がよく使用されている（付録7）．イオン半径は，同じ元素でも酸化数や配位数に依存して変化することに注意すべきである．ここで，配位数とは中心原子の周囲にある最近接原子の数である．原子半径でみとめられた傾向はイオン半径でもほぼ当てはまるが，イオン半径に特徴的な傾向を以下にまとめる．

1) 陽イオンは原子から電子を取り除くことで形成されるため，原子半径よりも小さい．陰イオンはその逆で，大きくなる．

    例）　Na　0.190 nm　　Fe　0.126 nm　　O　0.074 nm
    　　　Na^+ 0.098 nm　Fe^{2+} 0.076 nm　O^{2-} 0.140 nm

2) 酸化数が同じイオン間では原子番号が増大するとイオン半径も大きくなる．

    例）　Na^+：0.098 nm，K^+：0.138 nm，Rb^+：0.152 nm

3) 同じ殻外電子数をもつ陽イオンの場合，酸化数が大きくなると，イオン半径は小さくなる．

    例）　$Mn^{2+}(3d^5)$：0.067 nm，$Fe^{3+}(3d^5)$：0.055 nm，$Co^{4+}(3d^5)$：0.053 nm

4) 逆に，同じ殻外電子数をもつ陰イオンの場合，酸化数が大きくなると，イオン半径も大きくなる．

    例）　$F^-(2p^6)$：0.133 nm，$O^{2-}(2p^6)$：0.140 nm，$N^{3-}(2p^6)$：0.146 nm

5) 同一元素でも，酸化数によってイオン半径が変わる．

    例）　Mn^{2+}：0.67 nm，Mn^{3+}：0.58 nm，Mn^{4+}：0.53 nm

3.2　イオン化エネルギー

基底状態にある電子配置の原子に外からエネルギーを与えると，電子はより高いエネルギー準位（励起状態）に移る．原子核と電子の結合よりも強いエネルギーを電子に与えると，電子は原子から飛び出し，原子は正電荷が過剰の状態，すなわち陽イオンとなる．このように基底状態の電子配置から電子を取り去るのに必要なエネルギーを**イオン化エネルギー**（ionization energy：*IE*）あるいは**イオン化ポテンシャル**（ionization potential）という．したがって，イオン化エネルギーは軌道エネルギーに対応していると考えればよい．すでに2.1節で述べたように，H原子（$Z=1$）の場合，1s軌道（$n=1$）のエネルギー 1313 kJ mol^{-1} がイオン化エネルギーとなる．一方，多電子原子の場合，遮へいが完全でないためやや複雑になるが，スレーターの

規則による有効電荷 Z_{eff} を用いればイオン化エネルギーが求められる．たとえば，Na の 3s 軌道のエネルギーは，スレーターの規則によると，$Z_{\text{eff}}=2.2$ となるから，

$$E_n = -\frac{me^4}{8\varepsilon_0^2 h^2}\frac{Z_{\text{eff}}^2}{3^2} = -706 \text{ kJ mol}^{-1} \quad (3.2)$$

と計算される（イオン化エネルギーでは正の値で表記する）．一方，実測値は約 500 kJ mol^{-1} であり，計算値よりもいくぶん低くなっている．このように両者はあまりよく一致するとはいえないが，一つの目安としてよく使用されている．

第一イオン化エネルギーとは

$$\text{M} \longrightarrow \text{M}^+ + \text{e}^- \quad (3.3)$$

に対するエネルギーである．イオン化エネルギーの値が小さいほど，陽イオンになりやすいといえる．図 3.6 にイオン化エネルギーの周期依存性を族別にまとめた．また，図 3.7 にイオン化エネルギーを原子番号順に整理した結果を示す．この図からわかるように，イオン化エネルギーは以下に示すような一般的傾向がある．

1) 同一周期では，原子番号の増加とともにイオン化エネルギーは大きくなる．これは原子半径が小さくなるので，原子核と電子の引力が大きくなるからである．
2) 同一周期でも遷移元素の場合，原子半径はほとんど変わらないので，イオン化エネルギーもほとんど変わらない．

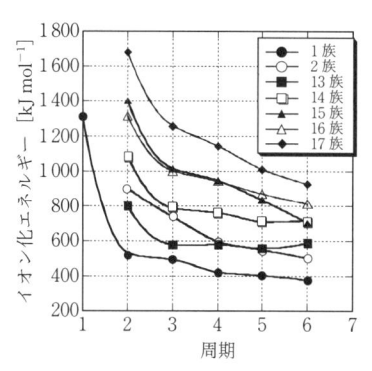

図 3.6 族ごとのイオン化エネルギー変化

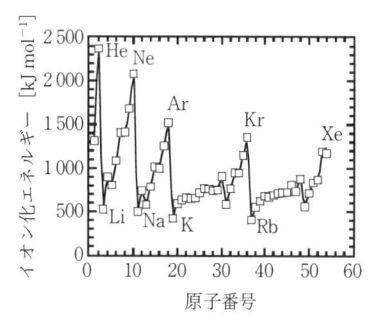

図 3.7 原子番号による第一イオン化エネルギー変化

■ **参考：スレーターの規則**

Z_{eff} は核電荷 Z から遮へい定数 σ を差し引いた値である．すなわち，

$$Z_{\text{eff}} = Z - \sigma$$

である．ここで σ は以下のスレーターの規則にしたがって積算する．

(a) 電子軌道を [1s], [2s 2p], [3s 3p], [3d], [4s 4p], [4d], [4f] のようにグループ分けをする．
(b) 各グループにおける電子は，右側の電子グループによる遮へいは受けないが，同じグループおよび左側の電子による遮へい効果を受けるものとする．この場合，

(i) [ns np] 殻の電子に対して
  ① 同じ n 殻の電子による遮へい定数 = 0.35（ただし，1s は 0.30）
  ② ($n-1$) 殻にある電子による遮へい定数 = 0.85
  ③ ($n-2$) 以下の内殻にある電子による遮へい定数 = 1.0
(ii) [nd] および [nf] の電子は
  ① 同じ n 殻の電子による遮へい定数 = 0.35
  ② n 殻よりも内側の電子による遮へい定数 = 1.0

Na の 3s^1 に対する遮へい定数の求め方を具体的に検討する．Na の電子配置は 1s^{2}2s^{2}2p^{6}3s^1 であるから，各グループの遮へい定数は以下のようになる．

$$2s^2 \text{ と } 2p^6 \text{ の 8 電子による遮へい定数} = 8 \times 0.85 = 6.8$$
$$1s^2 \text{ の 2 電子による遮へい定数} = 2 \times 1.0 = 2.0$$

ゆえに，$\sigma = 8.8$ となり，$Z_{\text{eff}} = 11 - 8.8 = 2.2$ が得られる．

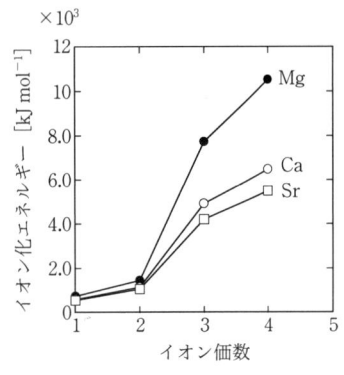

図 3.8 アルカリ土類金属のイオン化エネルギー

3) 同一の族では周期が高くなるほど減少する．

一方，第二イオン化エネルギーは

$$M^+ \longrightarrow M^{2+} + e^- \tag{3.4}$$

に対するエネルギーであり，以下順次電子を取り去る反応に対するエネルギーを第三，第四イオン化エネルギーといい，エネルギーは順次高くなる傾向があるが，例外も多く見られる．

アルカリ金属がイオン化する場合は1個，アルカリ土類金属の場合は2個の電子を失って閉殻構造になる．それ以上電子を奪おうとするとイオン化エネルギーは極端に上昇する．この様子をアルカリ土類金属の場合について図3.8に示した．

一方，d軌道に電子を有する遷移金属元素において，$(n-1)$d軌道に電子が入る前にns軌道に電子が入るが，イオンになるときは逆に$(n-1)$d電子の前にns電子を失うことによって生成することに注意すべきである．ゆえに，Ti^{2+}の電子配置は$[Ar]3d^2$である．Mn^{2+}とFe^{3+}は$3d^5$である．

3.3 電子親和力

電子親和力（electron affinity: EA）とは，1 molの気体状の原子，あるいはイオンに1 molの電子を加える際のエネルギー変化である．すなわち，

$$M(g) + e^- \longrightarrow M^-(g) \quad \Delta H_{EA} \text{ [kJ mol}^{-1}] \tag{3.5}$$

と書ける．ここで，ΔH_{EA}は反応の**エンタルピー**である．通常，電子親和力は「陰イオンになるとき放出するエネルギー」と定義されているので，$EA = -\Delta H_{EA}$の関係となる．

電子親和力が大きいほど陰イオンになりやすいといえる．式 (3.5) はイオン化エネルギーの場合と同様に，第一電子親和力と呼ばれ，正負いずれの値も取りうる．しかし，第二電子親和力は負のイオンに電子がさらに加わるため反発力が働き，必ず負の値になる．表3.1に典

エンタルピー

エンタルピー（enthalpy: H）は熱含量（heat content）とも呼ばれ，内部エネルギー（U）にPV変化を加えたものであり，$H = U + PV$で表す．それゆえ，一定圧力下では$\Delta H = \Delta U + P\Delta V$となる．一方，ある気体に熱量$q$を与えたとき，熱量の一部は体積の膨張に使われるため，内部エネルギーの変化は$\Delta U = q - P\Delta V$であり，$q = \Delta U + P\Delta V$が得られる．したがって，$\Delta H = q$となるので，たとえば定圧型の熱量計で測定された熱量は系のエンタルピー変化と考えて差し支えない．

表 3.1 電子親和力（EA）[kJ mol^{-1}]*

$_1$H 72.8							$_2$He 0.0
$_3$Li 59.6	$_4$Be −18	$_5$B 26.7	$_6$C 121.9	$_7$N −7	$_8$O 141	$_9$F 328	$_{10}$Ne −29
$_{11}$Na 52.9	$_{12}$Mg −21	$_{13}$Al 44	$_{14}$Si 133.6	$_{15}$P 72	$_{16}$S 200.4	$_{17}$Cl 349.0	$_{18}$Ar −35
$_{19}$K 48.4	$_{20}$Ca −186	⋯ $_{31}$Ga 30	$_{32}$Ge 116	$_{33}$As 78	$_{34}$Se 195	$_{35}$Br 324.7	$_{36}$Kr −39

*山崎 昶，「化学データブックⅠ」（朝倉書店，2003）より抜粋

型元素の第一電子親和力をまとめた．同一周期では，左から右にいくほど電子親和力は増大する傾向が見られる．これは原子の有効電荷が右にいくほど大きいので電子と結合しやすくなり，生成する陰イオンは安定化するからである．

3.4 電気陰性度

同じ種類の原子からなる二原子分子では，電子はどちらの原子にも偏らないが，異なる原子からなる分子の場合，電子はどちらかの原子に引きつけられ，電荷の分布に偏りを生じる．このとき原子が電子を引きつける強さの尺度を**電気陰性度**（electronegativity）という．表3.2におもな元素についてポーリング（L. C. Pauling）の電気陰性度をまとめた．この場合，電気陰性度が最も高いFの値を4.0と定めてある．この表からわかるように電気陰性度には以下のような一般的傾向がある．

1) 小さい原子は大きい原子より電子を引きつけやすいので，電気陰性度が高い．
2) 電子が多く満たされた軌道をもつ原子は，より少ない電子で満たされた軌道をもつ原子よりも高い電気陰性度になる．
   例） F＞O＞N＝Cl＞C＞H
3) 金属元素の電気陰性度は低く，非金属元素は高い．
4) 同一周期内では，原子番号の増加とともに，電気陰性度は増加する．
5) 同一族で比較すると，周期が高くなるほど，電気陰性度は低くなる．

異種原子からなる分子 AB の結合エネルギー $D_{AB}{}^*$ は，結合が100％共有結合とすると，分子 A_2 の共有結合エネルギー D_{AA} と分子 B_2 の共有結合エネルギー D_{BB} の幾何平均と考えることができる．

$$D_{AB}{}^* = \sqrt{(D_{AA} \times D_{BB})} \tag{3.6}$$

ところで，分子 AB の実測の結合エネルギー D_{AB} はイオン結合性に

表 3.2 ポーリングの電気陰性度

$_1$H 2.1										$_2$He —
$_3$Li 1.0	$_4$Be 1.5				$_5$B 2.0	$_6$C 2.5	$_7$N 3.0	$_8$O 3.5	$_9$F 4.0	$_{10}$Ne —
$_{11}$Na 0.9	$_{12}$Mg 1.2				$_{13}$Al 1.5	$_{14}$Si 1.8	$_{15}$P 2.1	$_{16}$S 2.5	$_{17}$Cl 3.0	$_{18}$Ar —
$_{19}$K 0.8	$_{20}$Ca 1.0	$_{21}$Sc 1.3	$_{22}$Ti 1.5	$_{23}$V 1.6 ⋯	$_{31}$Ga 1.6	$_{32}$Ge 1.8	$_{33}$As 2.0	$_{34}$Se 2.4	$_{35}$Br 2.8	$_{36}$Kr —

よる寄与分 Δ だけ $D_{AB}*$ よりも大きい。すなわち

$$D_{AB} = D_{AB}* + \Delta \qquad (3.7)$$

と書ける。したがって

$$\Delta = D_{AB} - \sqrt{(D_{AA} \times D_{BB})} \qquad (3.8)$$

ここで，Δ は**共鳴エネルギー**（resonance energy）と呼ばれている。

一方，ポーリングは A と B の電気陰性度 χ_A と χ_B を共鳴エネルギーを用いて次式のように定義した。

$$\chi_A - \chi_B = \sqrt{\Delta} \text{ [eV]} = 0.102\sqrt{\Delta} \text{ [kJ mol}^{-1}\text{]} \qquad (3.9)$$

表 3.2 はこの手法で求めた値をまとめたものである。また，式 (3.9) では電気陰性度の差のみしか計算できないが，特定の原子の電気陰性度を独立に求める方法も検討されている。ある原子の第一イオン化ポテンシャルおよび電子親和力をそれぞれ IE [kJ mol^{-1}] および EA [kJ mol^{-1}] とすると，その原子の電気陰性度は次式のように定義されている。

$$\chi = (IE + EA)/522 \qquad (3.10)$$

一方，電気陰性度を結合のイオン性と関連づけた議論がいくつか知られている。すなわち，電気陰性度が χ_A および χ_B の原子からなる分子の結合のイオン性を x とすると，

$$x = 0.16|\chi_A - \chi_B| + 0.035|\chi_A - \chi_B|^2$$
（ハネイ・スミス (Hannay-Smyth) の式）(3.11)

$$x = 1 - \exp[-|\chi_A - \chi_B|^2/4] \quad \text{（ポーリングの式）} \qquad (3.12)$$

と関係づけられている。一方，結合のイオン性は 3.6.2 項で触れるように，双極子モーメントの測定からも求めることができる。図 3.9 に式 (3.11) と (3.12) で計算した結果を示した。

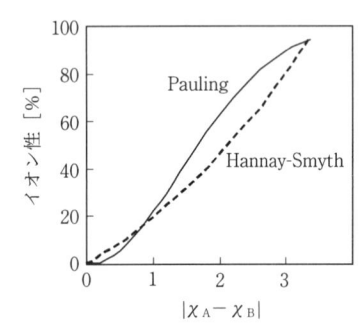

図 3.9 電気陰性度の差（$|\chi_A - \chi_B|$）とイオン性 [%] との関係

【例題 1】 HF 分子における H の電気陰性度と結合のイオン性を計算せよ。ただし，$D_{HH} = 436$, $D_{FF} = 153$, $D_{HF} = 563$ kJ mol^{-1} とし，$\chi_F = 4.0$ とする。

[解]

$$\Delta = 563 - \sqrt{(436 \times 153)} = 305 \text{ kJ mol}^{-1}$$

$$\chi_F - \chi_H = 0.102 \times \sqrt{305} = 1.78$$

$\chi_F = 4.0$ であるから，

$$\chi_H = \chi_F - 1.78 = 2.2$$

式 (3.11) によるイオン性の計算

$$x = 0.16 \times 1.78 + 0.035 \times 1.78^2 = 0.396 \quad \text{約 40\%}$$

3.5 酸化と還元

酸化とはある原子や分子の酸化数が増加する（電子を減じる）こ

と，逆に還元とは酸化数が減少する（電子を加える）ことを意味する．たとえば，

$$2\,Mg + O_2 \longrightarrow 2\,MgO$$

の反応において，Mg 金属は酸化され，O は還元されて MgO を生成している．すなわち，

$$Mg \longrightarrow Mg^{2+} + 2\,e^-$$
$$O + 2\,e^- \longrightarrow O^{2-}$$

のように，Mg 原子が電子 2 つを放出して酸化され，O 原子は電子 2 つを加えて還元されている．多くの反応をこのように**酸化還元反応** (redox reaction) として見ることができる．同様に，溶融 NaCl の電気分解では

アノード（陽極）　$Cl^- \longrightarrow 1/2\,Cl_2 + e^-$　（酸化反応）
カソード（陰極）　$Na^+ + e^- \longrightarrow Na$　（還元反応）

のように，カソードでは陽イオンに電子が加わる還元反応，アノードでは陰イオンから電子が取り去られる酸化反応が生じる．

図 3.10 にダニエル電池として知られる電気化学セルを示す．この電池は次式で示す酸化還元反応によって起電力を発生する．

アノード（Zn 電極，負極）　$Zn \longrightarrow Zn^{2+} + 2\,e^-$　（酸化反応）
カソード（Cu 電極，正極）　$Cu^{2+} + 2\,e^- \longrightarrow Cu$　（還元反応）

この電池を

$$Zn\,|\,Zn^{2+}\,\|\,Cu^{2+}\,|\,Cu \tag{3.13}$$

のように，左から右側に電子が流れるように表す約束になっている．式 (3.13) における | は電極と溶液の界面を，‖ は多孔質の隔膜を表している．Zn 金属は Zn^{2+} として溶解し，生成した電子は外部負荷を伝わって Cu 電極に流れて Cu^{2+} を還元して Cu を析出する．

いま，金属イオン M^{n+} と金属 M の間の酸化還元反応を

$$M^{n+} + n\,e^- \longrightarrow M \tag{3.14}$$

としたとき，この反応の**ギブズエネルギー** (Gibbs energy) 変化 ΔG は

電極の呼び方

電池の場合，酸化される電極をアノード（負極），還元される電極をカソード（正極）と呼んでいる．電気分解においては外部電源の負極と接続した電極を陰極（還元反応を生じる電極なのでカソード），正極と接続した電極を陽極（酸化反応を生じる電極なのでアノード）と呼んでいる．

ギブズエネルギー

ギブズエネルギー (G) 変化は $\Delta G = \Delta H - T\Delta S$ で与えられる熱力学的関数である．ここで，H はエンタルピー，S はエントロピーである．化学反応は $\Delta G < 0$ の場合自発的に変化が起きる．

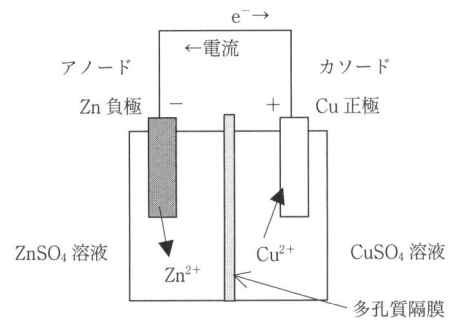

図 3.10　Zn/Cu 系の電池（ダニエル電池）

$$\Delta G = \Delta G° + RT \ln(a_M/a_{M^{n+}}) \qquad (3.15)$$

である．ここで，$\Delta G°$ は標準状態のギブズエネルギー変化であり，a_M および $a_{M^{n+}}$ は M と M^{n+} の**活量**（activity）である．ところで，この ΔG は電極電位 E と

$$\Delta G = -nFE \qquad (3.16)$$

の関係が知られている．ここで，F はファラデー定数で，n は反応種1個当たりに関与する電子数である．式（3.15）と（3.16）より得られる次式はネルンスト（Nernst）の式として知られている．

$$E = E° - \frac{RT}{nF} \ln\left(\frac{a_M}{a_{M^{n+}}}\right) \qquad (3.17)$$

ここで，$-\Delta G°/nF = E°$ としたが，この $E°$ を**標準電極電位**（standard electrode potential）または標準酸化還元電位（standard redox potential）という．金属 M が固体のとき，$a_M = 1$ であり，イオンの活量は近似的に濃度で表せるとすると，式（3.17）は

$$E = E° + \frac{RT}{nF} \ln c_{M^{n+}} \qquad (3.18)$$

と変形される．標準電極電位は，$c_{M^{n+}} = 1$ のときの電位を水素の電位と比較した値である．すなわち，Cu の標準電極電位は，

$$\text{Pt, } H_2(1\,\text{atm})\,|\,H^+(c=1)\,\|\,Cu^{2+}(c=1)\,|\,Cu \qquad (3.19)$$

と表記される電池の起電力から求められる．表3.3に代表的な標準電極電位をまとめて示す．そこで，表3.3の値を用いて，ダニエル電池の起電力を計算する．

$$Cu^{2+} + 2e^- \longrightarrow Cu \qquad E° = +0.34\,\text{V}$$
$$Zn \longrightarrow Zn^{2+} + 2e^- \qquad E° = +0.76\,\text{V}$$

電池反応　$Zn + Cu^{2+} \longrightarrow Zn^{2+} + Cu \qquad E° = +1.10\,\text{V}$

これにより，Zn 電極に対する Cu 電極の電位は $+1.10\,\text{V}$ であることがわかる．

　経験的に知られるイオン化傾向は，金属が水溶液中に金属イオンと

表 3.3 標準電極電位 $E°$ [V]（25℃）

電極系	$E°$ [V]	電極系	$E°$ [V]
Li^+/Li	-3.1	Fe^{2+}/Fe	-0.44
K^+/K	-2.925	Ni^{2+}/Ni	-0.23
Na^+/Na	-2.71	Zn^{2+}/Zn	-0.76
Ba^{2+}/Ba	-2.90	Pb^{2+}/Pb	-0.126
Sr^{2+}/Sr	-2.89	$2H^+/H_2$	0.00
Ca^{2+}/Ca	-2.87	Cu^{2+}/Cu	$+0.34$
Mg^{2+}/Mg	-2.37	Ag^+/Ag	$+0.80$
Al^{3+}/Al	-1.66	Au^{3+}/Au	$+1.38$
Ga^{3+}/Ga	-0.53	$Cl_2/2Cl^-$	$+1.36$
Mn^{2+}/Mn	-1.19	$F_2/2F^-$	$+2.87$

表 3.4 実用電池の構成と起電力

通称	電池構成 アノード(負極)｜電解質｜カソード(正極) (酸化反応)　　　　　　　　　(還元反応)	起電力 [V]	特徴，用途
一次電池			
マンガン	$Zn\ |\ NH_4Cl \cdot ZnCl_2\ |\ MnO_2 \cdot C$	1.5	最も安価で広く普及
アルカリ	$Zn\ |\ KOH\ |\ MnO_2 \cdot C$	1.5	マンガン電池より2〜10倍高性能
酸化銀	$Zn\ |\ KOH, NaOH\ |\ Ag_2O$	1.55	ボタン電池，電卓，時計
リチウム	$Li\ |\ LiBF_4$ など $|\ MnO_2$ ほか	3.0	高エネルギー密度，デジタルカメラ
水銀	$Zn\ |\ KOH\ |\ HgO \cdot Ni$	1.35	高価，小型軽量，高性能，補聴器，カメラ，時計
二次電池			
鉛	$Pb\ |\ H_2SO_4\ |\ PbO_2$	2.0	高信頼性，廉価，自動車用
ニッケル-カドミウム	$Cd\ |\ KOH\ |\ NiOOH$	1.2	高価，長寿命，耐過充電性
ニッケル-金属水素化物	$MH\ |\ KOH\ |\ NiOOH$	1.2	M：金属，高エネルギー密度
リチウムイオン	$C\ |\ LiPF_6S, LiBF_4\ |\ LiCoO_2$	3.5〜3.6	高エネルギー密度，長寿命
ナトリウム-硫黄	$Na\ |\ \beta$アルミナ$\ |\ S$	2.08	高エネルギー密度，高出力

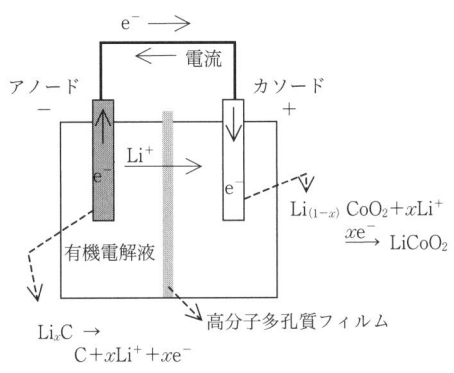

図 3.11 リチウムイオン電池の構造

して溶解しやすい傾向を示したものである．したがって，標準電極電位が低い元素ほど，酸化されやすい（還元されにくい）ことを意味し，イオン化傾向が大きいといえる．たとえば，Cu^{2+}水溶液中にZn金属を浸すと，Znの方がCuよりもイオン化傾向が大きいので，Cu金属の析出とZn^{2+}を生成する．

イオンの酸化還元反応の重要な応用の一つに電池が知られているが，その種類は一次電池，二次電池，燃料電池，太陽電池など多岐にわたっている．一次電池は放電のみで充電のきかない電池，二次電池は充電・放電のできる電池，燃料電池は，燃料｜電解質｜酸化剤，の構成で水素やメタノールの燃焼反応を高効率で電気エネルギーに変換する電池であり（2.3.1項参照），太陽電池はp型半導体とn型半導体との接合体に太陽光を照射して電気エネルギーを発生させる電池である（7.4節参照）．代表的な実用電池の構成と起電力を表3.4に，リチウムイオン電池の構造例を図3.11に示す．

3.6 電場における物質の挙動

多くの化合物は程度の差はあれ，正負の電荷を帯びたイオンの結合から成り立っている．これは逆に，外部から電場（分野によっては電界ともいう）に対する挙動を調べれば，その物質の性質や構造が明らかになるといえる．一方，無機化合物のあるものはキャパシター（コンデンサー）や周波数フィルターなど通信用の電子回路において重要な働きをしている．ここでは，物質と電気の相互作用を理解するため必要な原理と有用性について勉強する．

3.6.1 分極現象と誘電率

物質を電気伝導度の観点から分類すると，電気伝導体，半導体，絶縁体に分類される．この中で，絶縁体は直接電気こそ通さないが，電場中では絶縁性以外の電気的特性は種々変化する．この電気的特性を利用して電気回路部品として利用されているので，**誘電体**（dielectric material）と呼んで絶縁体と区別している．この誘電体の重要な特性の一つに**分極**（polarization）と呼ばれる現象がある．

一般に誘電体を構成している原子は電子や原子核からなり，またイオンにも陽イオンと陰イオンがあるように，正の電荷と負の電荷から形成されているが，これらは物質中で電気的に中性になるように分布しており，外部への電気的な働きはみとめられない．しかし，この誘電体を電場中におくと，正電荷は負極の方向に，負電荷は正極方向に変位して電気的中性が破られる．この状態を誘電体が分極したという．分極によって生じた電荷分布のずれをベクトル量である**双極子モーメント**（dipole moment）で表す．特に電場によって生じた双極子モーメントを**誘起双極子モーメント**（induced dipole moment）と呼んで，分子自体が双極子モーメントをもつ場合の**永久双極子モーメント**（permanent dipole moment）と区別している．

いずれにしても，分極は正電荷と負電荷が分離して生ずるものであるから，双極子モーメントの大きさ（μ）は，電荷を q，電荷間の距離を r とすると

$$\mu = qr \tag{3.20}$$

で与えられる．ここで双極子モーメントの方向は正電荷から負電荷に向かう方向とする（図3.12）．双極子モーメントは単に2つの電荷からのみならず，多くの電荷からの寄与によっても生じる．この場合，双極子モーメントは以下のように表せる．

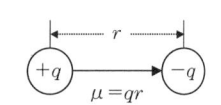

図 3.12 双極子モーメント
注）モーメントの矢印は分野によって逆向きの場合もある

$$\mu = \sum_i q_i r_i \tag{3.21}$$

ここで，q_i と r_i は i 番目の帯電体の電荷と距離である．いま電子と電荷が同じで符号が反対の2つの粒子が0.1 nm（1 Å）離れて存在するとき，双極子モーメントの大きさは，電子の電荷が 1.602×10^{-19} C であるから，

$$\mu = 1.602 \times 10^{-19} \times 0.1 \times 10^{-9} = 1.602 \times 10^{-29} \text{ C m}$$

となる．一方，双極子モーメントの単位として，非 SI 単位系の**デバイ単位**（Debye：D）が知られ，

$$1 \text{ D} = 3.338 \times 10^{-30} \text{ C m} \tag{3.22}$$

と定義されている．そこで，上記の双極子モーメントをデバイ単位で表すと，

$$\mu = 1.602 \times 10^{-29} / 3.338 \times 10^{-30} = 4.80 \text{ D}$$

となる．

a. 分極現象

いかなる物質でも，電圧を印加することにより，様々な分極が生じる．その具体的な例を以下に示す．

1) **電子分極**（electronic polarization）

原子中では電子は原子核の周りを回転し，電子の重心は核の重心と一致している．これに電場が加わると，電子雲が変位して原子核と重心が一致しなくなり，双極子が誘起する（図 3.13）．

2) **イオン分極**（ionic polarization）

イオン結晶内の陽イオンや陰イオンに電場が加わると，相対位置が変位し，双極子が生じる（図 3.14）．

3) **双極子（配向）分極**（dipole polarization, orientation polarization）

分子中に永久双極子モーメントを有する有極性分子は通常熱運動によってあらゆる方向を向いているため物質全体としての分極はみとめられない．しかし電場が加わると，双極子モーメントが電場の方向に配向するため分極が観測される（図 3.15）．

4) **空間分極**（space charge polarization）

誘電体中に可動イオンが存在すると，電場によって結晶粒界や電極に電荷が蓄積される場合がある．これを空間電荷分極という（図 3.16）．

b. 誘電率

誘電体を満たしたコンデンサーの静電容量を C_p とすると，印加直流電圧 V [V] と電極間に蓄えられる電荷 Q [C] との間に

$$Q = C_p V \tag{3.23}$$

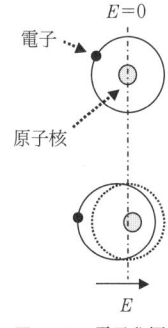

図 3.13 電子分極

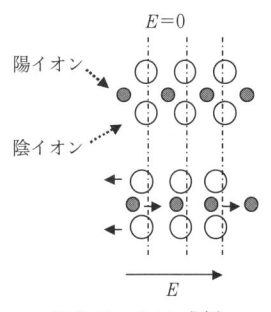

図 3.14 イオン分極

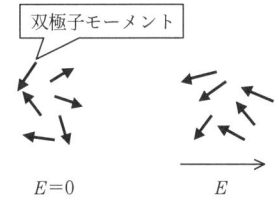

図 3.15 双極子（配向）分極

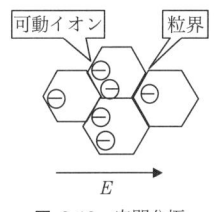

図 3.16 空間分極

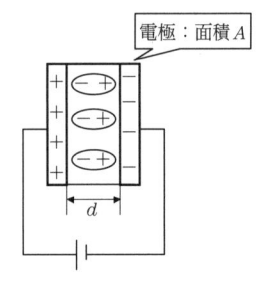

図 3.17 平行板コンデンサー

の関係がある．それゆえ，静電容量の単位は CV^{-1} となり，これをファラド [F] という．このとき，図3.17に示すように誘電体を面積 A，距離 d の平行な電極間に挿入すると，誘電体の静電容量 C_p は A に比例し，d に反比例するので，比例定数を ε とすると

$$C_p = \varepsilon \frac{A}{d} \tag{3.24}$$

で表せる．ここで比例定数 ε を**誘電率**（permittivity）という．一方，誘電体を真空で置き換えた場合の静電容量を C_0 とすると

$$C_0 = \varepsilon_0 \frac{A}{d} \tag{3.25}$$

となる．ここで，ε_0 は真空の誘電率で $\varepsilon_0 = 8.855 \times 10^{-12}\,\mathrm{F\,m^{-1}}$ である．また，誘電体の誘電率と真空の誘電率との比は $\varepsilon/\varepsilon_0 = C_p/C_0 = \varepsilon_r$ で表され，この ε_r を**比誘電率**（relative permittivity または dielectric constant）という．

式 (3.23) と (3.24) から

$$\frac{Q}{A} = \varepsilon \frac{V}{d} \tag{3.26}$$

の関係が得られる．ここで Q/A は電極電荷の表面密度 $\sigma\,[\mathrm{C\,m^{-2}}]$ であり，V/d は電場の強さ $E\,[\mathrm{V\,m^{-1}}]$ であるから，

$$\sigma = \varepsilon E \quad \text{あるいは} \quad E = \sigma/\varepsilon_0 \varepsilon_r \tag{3.27}$$

が得られる．

一方，平行板コンデンサーが真空の場合，表面電荷密度 σ は

$$\sigma = \varepsilon_0 E \tag{3.28}$$

である．平行板中に誘電体を挿入すると，誘電体は電場によって分極し，誘電体の表面に電荷を生じる．ここで分極 P は単位体積当たりの双極子モーメントであるから，単位は $[\mathrm{C\,m\cdot m^{-3}}] = [\mathrm{C\,m^{-2}}]$ となり，表面電荷密度の単位と一致する．この分極電荷は電極の電荷と反対符号になるので，電極間にかかる電場を低下させる．それゆえ，式 (3.28) より，$\sigma - P = \varepsilon_0 E$ となり，

$$E = \frac{\sigma - P}{\varepsilon_0} \tag{3.29}$$

が得られる．式 (3.29) を変形し，式 (3.27) と組み合わせることにより，

$$P = \varepsilon_0 (\varepsilon_r - 1) E \tag{3.30}$$

を得る．すなわち，分極の大きさと比誘電率が関係づけられた．式 (3.30) は

$$\varepsilon_r - 1 = \frac{P}{\varepsilon_0 E} \equiv \chi \tag{3.31}$$

と変形され，χ を**電気感受率**（electric susceptibility）という．ま

た，分極 P と双極子モーメントの間には
$$P = N\mu \quad (3.32)$$
の関係がある．ここで，N は単位体積中に含まれる分子数である．

3.6.2 双極子モーメントとイオン結合性

双極子モーメントが結合に関与する電子の偏りから生じると仮定すると，双極子モーメントの値から結合のイオン性を見積もることが可能となる．たとえば，HClの双極子モーメントの実測値は 3.57×10^{-30} C m（1.07 D）で，その結合距離は 0.1275 nm である．もし HCl が 100% イオン結合であるならば，双極子モーメントは
$$\mu_{\text{ionic}} = (1.602 \times 10^{-19})(0.1275 \times 10^{-9})$$
$$= 20.42 \times 10^{-30} \text{ C m}$$
となる．そこで，双極子モーメントの実測値（μ_{obs}）と理論値から，次式のようにイオン結合のイオン性が計算できる．
$$\text{イオン性(\%)} = \frac{\mu_{\text{obs}}}{\mu_{\text{ionic}}} \times 100 = \frac{3.57 \times 10^{-30}}{20.42 \times 10^{-30}} \times 100 = 17.5\%$$
また，H–Cl 結合が完全に共有性であるならば，双極子モーメントはゼロになる．

一方，多原子分子の双極子モーメントは，個々の結合モーメントのベクトル和で表せる．たとえば，水の結合角 ∠HOH は 104°，双極子モーメント $\mu(\text{H}_2\text{O})$ の実測値は 1.85 D であることが知られている．ここで図 3.18 からわかるように，$\mu(\text{H}_2\text{O})$ は $\mu(\text{OH})$ と
$$2\mu(\text{OH})\cos\theta = \mu(\text{H}_2\text{O})$$
の関係がある．ここで，$\theta = 52°$ であるから，$\mu(\text{OH}) = 1.50$ D が得られる．水の結合，すなわち O–H 結合が 100% イオン結合とすると，O–H の距離は 0.096 nm であるので，
$$(1.602 \times 10^{-19}) \times (0.096 \times 10^{-9}) = 1.54 \times 10^{-29} \text{ C m} = 4.61 \text{ D}$$
の双極子モーメントをもつはずである．それゆえ，OH 結合のイオン性は
$$(1.50/4.61) \times 100 = 32.5\%$$
となる．逆に双極子モーメントの値から分子の構造を類推することも可能である．

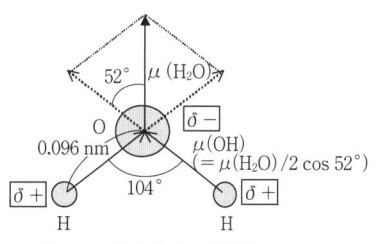

図 3.18 H₂O 分子の双極子モーメント

【演習問題】
1. 原子半径の表し方にはどんな種類があるか．
2. 周期表における同じ周期および同じ族での元素の変化に対する共有結合半径の一般的傾向とその理由を述べよ．
3. 周期表における同じ周期および同じ族での元素の変化に対する第一イオン化エネルギーの一般的傾向とその理由を述べよ．

4．Heの第二イオン化エネルギーを計算せよ．

5．Naの第一イオン化エネルギー（実測値：500 kJ mol^{-1}）を，水素原子モデルと有効核電荷で計算せよ．

6．第4，第5周期の遷移元素はなぜ10種類の族になるのか（この場合13族も入れる）．

7．イオン化傾向と標準電極電位との関係はどのような傾向にあるか．

8．Fe^{2+} イオンは，$2 Fe^{2+} + 2 H_2O \longrightarrow 2 Fe + O_2 + 4 H^+$ のように水を酸化して O_2 を生成するか．

9．KFの双極子モーメントは7.3 Dである．KFのイオン性は何％か．ただし，K–Fの原子間距離は0.267 nmである．

4 イオン結合

 なぜ，食卓塩は硬くて，もろく，高い融点をもち，結晶は絶縁体なのに，その融液や水溶液のみが電気を流すのであろうか．ワックスのような共有性の物質はなぜ低融点で，柔らかく，絶縁体なのか．一方，ダイヤモンドなどは高融点で極端に硬いのはなぜなのか．この答えは化学結合の種類が異なるからといえる．それでは，原子はなぜ化学結合するのだろうか？ 一言で答えるならば，化学結合によってプラスとマイナスの電荷からなる粒子系の全ポテンシャルエネルギーが低下するからといえる．

 代表的な化学結合には，イオン結合，共有結合，金属結合，さらに水素結合や分子結合などが知られている．本章ではまずイオン結合に伴う格子エネルギーについて熱化学および静電的な取り扱いについて学ぶとともに，分子のもつ双極子モーメントの化学結合への寄与も併せて学ぶこととする．

4.1 ボルン・ハーバーサイクル

 イオン結合 (ionic bond) は金属と非金属元素の間で生じる結合で，電子を出したり，受け入れたりする傾向の差が大きい原子間で生じる．その差は反応性の高い金属 (1族, 2族) と非金属元素 (第1周期，第2周期の16族，および17族元素) の間で大きくなっている．低いイオン化エネルギーの金属原子が価電子を失い，電子親和力の大きい非金属原子が電子を受け取る．すなわち金属から非金属へ電子移動が生じ，それぞれの原子は希ガス配置となる．その結果，正の電荷を有する陽イオンと負の電荷を有する陰イオンとが，静電力で互いに引き合って生じた結合がイオン結合である．イオン結合の例として，LiCl, NaCl, KCl, CsCl, $MgCl_2$, $CaCl_2$ などの化合物が知られている．

 具体例として LiF について検討する．Li は1個の電子を失うと，$n=1$ 軌道が満たされた He と同じ電子配置になる．一方，F は電子1個を得て，$n=2$ の軌道が満たされた Ne と同じ電子配置になる．またこの電子移動により同数の Li^+ と F^- が生成するため，組成式は

LiF となる．電子配置で表すと以下のようになる．

$$\text{Li}(1s^22s^1) + \text{F}(1s^22s^22p^5) \longrightarrow \text{Li}^+(1s^2) + \text{F}^-(1s^22s^22p^6)$$

ところで，イオン結晶ができる理由は，イオンどうしが静電的に結合し，さらにこれらのイオンが規則正しく配列して結晶を形成することによって，多量のエネルギーを放出して安定化するからである．それゆえ，電子の移動だけを考えると，むしろエネルギーの吸収を必要とする不安定なプロセスである．

以下，エネルギーの出入りを中心にイオン結合ができる過程を検討する．この場合，熱の出入りの扱いはエンタルピーで表すことにする．したがって，電子親和力の放出エネルギーは負となる．

まず，金属 Li や F_2 分子が気体状の Li(g) や F(g) になるのに，それぞれ昇華エネルギー（S）（160.7 kJ mol^{-1}）や結合エネルギー（または解離エネルギー）（D）（159 kJ mol^{-1}）が必要となる．ここで，F(g) 原子を 1 個生成するための解離エネルギー（$D_{1/2}$）は 159/2 = 79.5 kJ mol^{-1} であることに注意すべきである．

ついで，気体の Li が電子を失い，気体の F が電子を得るプロセスをエネルギー的に検討する．

1) Li がイオン化するとき，第一イオン化エネルギー（ΔH_{IE}）が必要である．

$$\text{Li(g)} \longrightarrow \text{Li}^+\text{(g)} + e^- \qquad \Delta H_{IE} = 520 \text{ kJ mol}^{-1} \qquad (4.1)$$

2) F が電子を得るとき，電子親和力（ΔH_{EA}）に相当するエネルギーを放出する．

$$\text{F(g)} + e^- \longrightarrow \text{F}^-\text{(g)} \qquad \Delta H_{EA} = -328 \text{ kJ mol}^{-1} \qquad (4.2)$$

式 (4.1) と (4.2) から

$$\text{Li(g)} + \text{F(g)} \longrightarrow \text{Li}^+\text{(g)} + \text{F}^-\text{(g)} \qquad \Delta H_{IE} + \Delta H_{EA} = 192 \text{ kJ mol}^{-1} \qquad (4.3)$$

が得られる．これは Li$^+$(g) と F$^-$(g) を得るには 192 kJ mol^{-1} のエネルギーが必要であることを意味する．したがって，金属 Li や F_2 分子が Li$^+$(g) と F$^-$(g) になるのに必要なエネルギーは，これに昇華エネルギーと解離エネルギーを加えると，433 kJ mol^{-1} となる．

一方，LiF の標準生成エンタルピー（ΔH_f）は -617 kJ mol^{-1} であることが知られている．このことは，吸熱のエネルギーをはるかに上回る別の発熱エネルギーのプロセスが存在することを意味する．この $-617 + (-433) = -1050$ kJ mol^{-1} もの発熱エネルギープロセスが**格子エネルギー**（lattice energy：U）に相当するものである．格子エネルギーには，反対電荷間で働く強い静電エネルギーと，イオンの規則配列によるエネルギーの安定化を意味する結晶化エネルギーが含

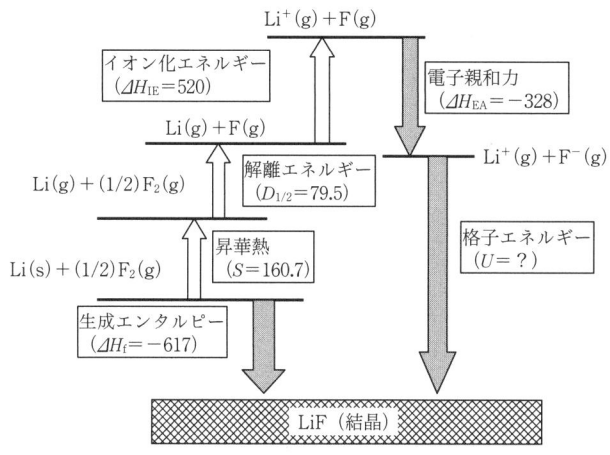

図 4.1 ボルン・ハーバーサイクルの各ステップにおけるエネルギー変化
（図中の数字の単位は kJ mol⁻¹）

まれる．そのうち，静電エネルギー ΔH_{elec} は

$$Li^+(g) + F^-(g) \longrightarrow LiF(g) \quad \Delta H_{elec} = -588 \text{ kJ mol}^{-1} \quad (4.4)$$

である．したがって，結晶化エネルギーは -462 kJ mol⁻¹ 程度と見積もられる．

格子エネルギーは結晶の生成に重要であるが，直接測定することはできない．格子エネルギーを求めるには，「全反応のエンタルピー変化は個々の反応のエンタルピー変化の総和である」という**ヘスの法則**（Hess's law）を適用すればよい．格子エネルギー以外のすべての熱力学的データが知られているとき，元素からイオン結晶への一連のステップを用いて格子エネルギーを計算する方法は**ボルン・ハーバーサイクル**（Born-Haber cycle）と呼ばれている．図4.1は各々のステップでのエネルギー変化をまとめたものである．

そこで，具体的にボルン・ハーバーサイクルを用いて，LiFの格子エネルギーを求めてみよう．ヘスの法則より

$$\Delta H_f = S + D_{1/2} + \Delta H_{IE} + \Delta H_{EA} + U \quad (4.5)$$

と関係づけられる．ここで，$\Delta H_f = -617$ kJ mol⁻¹, $S = 161$ kJ mol⁻¹, $D_{1/2} = 79.5$ kJ mol⁻¹, $\Delta H_{IE} = 520$ kJ mol⁻¹, $\Delta H_{EA} = -328$ kJ mol⁻¹ をそれぞれ代入すると

$$-617 = 161 + 79.5 + 520 - 328 + U$$
$$U = -1050 \text{ kJ mol}^{-1} \quad (4.6)$$

すなわち，LiFの格子エネルギーは -1050 kJ mol⁻¹ である．このサイクルを利用すれば，格子エネルギーをはじめ他の熱力学データを用いて，電子親和力など測定困難なデータを求めることができる．

【例題1】 ボルン・ハーバーサイクルを用いてNaClのClの電子親和力を求めよ．

電子親和力は「電子を取り込んだときに放出されるエネルギー」と定義され，通常その値を正としている．しかし，ここでは系にエネルギーが加わるときを正としているので，電子親和力の符号は定義と逆になることに注意すべきである．

ただし　生成エンタルピー$(\Delta H_f) = -411$ kJ mol^{-1}
　　　　Na の昇華熱　$(S) = 108$ kJ mol^{-1}
　　　　Cl_2 の解離エネルギーの 1/2 $(D_{1/2}) = 121$ kJ mol^{-1}
　　　　Na のイオン化エネルギー　$(\Delta H_{IE}) = 502$ kJ mol^{-1}
　　　　NaCl の格子エネルギー　$(U) = -788$ kJ mol^{-1}

である．

[解]　$\Delta H_f = S + D_{1/2} + \Delta H_{IE} + \Delta H_{EA} + U$ の関係から
　　　$-411 = 108 + 121 + 502 + \Delta H_{EA} - 788$
　　　$\Delta H_{EA} = -354$ kJ mol^{-1}

4.2　格子エネルギーの計算

　格子エネルギーとは，気体状態のイオンから，1 mol の結晶が生成するとき放出されるエネルギー（逆に，気体状態の構成イオンに解離するために必要とするエネルギーとする定義もある）で，静電エネルギーとイオンの規則配列による安定化エネルギー（結晶化エネルギー）が含まれる．そこでまず，陽イオンと陰イオン間の静電エネルギーを検討する．

　次式で示すように z_1 価の陽イオンと z_2 価の陰イオンが無限遠方に存在するとき，静電エネルギー（$U_{e.s}$）はゼロである．両者が近づくと引力が働き，静電エネルギーは下がる．このときのエネルギーは式 (4.7) で与えられる．

$$U_{e.s} = -\frac{z_1 z_2 e^2}{4\pi\varepsilon_0 r} \tag{4.7}$$

　一方，両イオンが近づきすぎると，相互の電子雲のため，イオン間の反発エネルギーが急激に強くなる．この様子を図 4.2 に示した．これは両イオンがある距離で力がつり合うことを示し，この距離を r_0 で表している．NaCl の場合 $r_0 = 0.236$ nm である．

　そこで，1 組のイオン対を考える．全エネルギー（U）は静電エネルギーと反発エネルギーの和として与えられるから，

$$U = -\frac{z_1 z_2 e^2}{4\pi\varepsilon_0 r} + \frac{Be^2}{r^n} \tag{4.8}$$

と書かれる．式 (4.8) において，右辺の第 2 項（反発エネルギーの項）の B は**反発係数**（restitution coefficient），n は**ボルン（Born）の指数**と呼ばれている．また，z_1 および z_2 は，それぞれ陽イオン，陰イオンの原子価を表し，e は電子の電荷，ε_0 は真空の誘電率，r はイオン間距離である．実際にはこのイオン対が規則的に配列して結晶を形成している．そこで具体的に NaCl の静電エネルギー $U_{e.s}$ につ

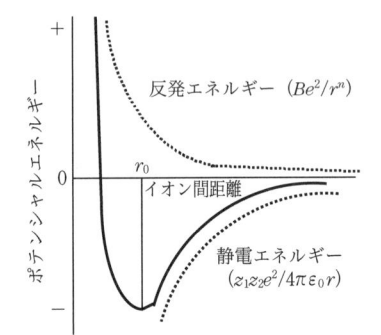

図 4.2　1 対の正負イオンのポテンシャルエネルギーとイオン間距離

いて検討する．

式 (4.8) において $z_1=z_2=1$，また Na^+ と Cl^- の距離を r とすると，2 つのイオン間の静電エネルギーは

$$U_{e.s}=-\frac{e^2}{4\pi\varepsilon_0 r} \tag{4.9}$$

となる．図 4.3 に NaCl 結晶の単位格子の一部を示した．この NaCl 結晶の構造において，Na^+ を取りまく Cl^- と Na^+ の距離と個数を調べる．

・Cl^- との距離と個数

　　距離　　r　　$\sqrt{3}r$　　$\sqrt{5}r$　…

　　個数　　6　　8　　24　…

・Na^+ との距離と個数

　　距離　　$\sqrt{2}r$　　$2r$　…

　　個数　　12　　6　…

したがって，Na^+ を取りまくすべてのイオンとのクーロン力による静電エネルギーは以下のようになる．

$$U_{e.s}=-\frac{e^2}{4\pi\varepsilon_0 r}\left(6-\frac{12}{\sqrt{2}}+\frac{8}{\sqrt{3}}-\frac{6}{2}+\frac{24}{\sqrt{5}}-\cdots\right) \tag{4.10}$$

式 (4.10) の (　) の部分は 1.747558 に収束し，これを**マーデルング（Madelung）定数**という．代表的な化合物のマーデルング定数を表 4.1 に示した．このマーデルング定数は

1) イオンの幾何学的配列にのみ依存し，イオンの種類には無関係
2) 配位数が大きい結晶ほど，マーデルング定数は大きくなり，格子の静電的安定性が増加する

という性質をもっている．したがって，1 mol 当たりの結晶の静電エネルギーは，マーデルング定数を α とすると，次式のように書ける．

$$U_{es}=-\frac{N_A\alpha e^2}{4\pi\varepsilon_0 r} \tag{4.11}$$

ここで，N_A はアボガドロ定数である．結局，1 mol 当たりの全格子エネルギーは，式 (4.8) を書き換えると

$$U=-\frac{N_A\alpha e^2}{4\pi\varepsilon_0 r}+\frac{N_A B e^2}{r^n} \tag{4.12}$$

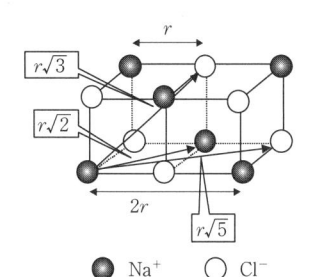

図 4.3 NaCl 結晶における種々のイオン間距離

表 4.1 代表的な結晶構造とマーデルング定数

結晶構造	組成	マーデルング定数
岩塩型構造（rock salt）	AB	1.7476
塩化セシウム型構造（cesium chloride）	AB	1.7627
セン亜鉛鉱型構造（zinc blend）	AB	1.6380
ウルツ鉱型構造（wurtzite）	AB	1.6413
蛍石型構造（fluorite）	AB_2	2.5194
ルチル型構造（rutile）	AB_2	2.3

となる．ここで，格子エネルギーは $r=r_0$ のとき最小になるので，

$$\left(\frac{dU}{dr}\right)=\frac{N_A\alpha e^2}{4\pi\varepsilon_0 r_0}-\frac{N_A nBe^2}{r_0^{n+1}}=0 \quad (4.13)$$

を解いて，

$$B=\frac{\alpha r_0^{n-1}}{4\pi\varepsilon_0 n} \quad (4.14)$$

を得る．ここで，式 (4.14) を式 (4.12) に代入し，整理すると，全格子エネルギーは

$$U=\frac{N_A\alpha e^2}{4\pi\varepsilon_0 r_0}\left(\frac{1}{n}-1\right) \text{ あるいは，一般式で } U=\frac{N_A\alpha z_1 z_2 e^2}{4\pi\varepsilon_0 r_0}\left(\frac{1}{n}-1\right) \quad (4.15)$$

と表される．これを**ボルン・ランデ（Born-Lande）の式**という．

通常，$n\sim 9$ であることが知られており，これは静電エネルギーの約10%に相当する．n の値は結晶の圧縮率 κ から次式を用いて算出できる．

$$\frac{1}{\kappa}=\frac{(n-1)\alpha e^2}{72\pi\varepsilon_0 r_0^4} \quad (4.16)$$

NaCl の場合，$r_0=0.2820$ nm と $n=9.1$ であるから，$E=-766$ kJ mol^{-1} が得られる．この値はボルン・ハーバーサイクルから求められる値 -788 kJ mol^{-1} とほぼ一致する．

【例題2】 NaCl の格子エネルギーを計算せよ．

［解］ 式 (4.15) を用いて

$$U=\frac{6.0221\times 10^{23}\times 1.7476\times (1.6022\times 10^{-19})^2}{4\times 3.1416\times 8.8542\times 10^{-12}\times 0.2820\times 10^{-9}}\left(\frac{1}{9.1}-1\right)$$

$$=-766.4 \text{ kJ mol}^{-1}$$

表 4.2 に Ag のハロゲン化合物の格子エネルギーをまとめて示した．ハロゲン元素の周期が高くなるにつれて，計算値より実測値の方が大きくなっているが，これは共有結合性の寄与が大きくなるためである．

表 4.2 格子エネルギーの計算値と実測値の比較

	$-U$（計算値） [kJ mol^{-1}]	$-U_{B.H}$ [kJ mol^{-1}]	$(U-U_{B.H})$ [kJ mol^{-1}]
AgF	920	953	33
AgCl	832	903	71
AgBr	815	895	80
AgI	777	882	105

$U_{B.H}$：ボルン・ハーバーサイクルから求めた値

4.3 双極子間相互作用と水素結合

これまでイオン間で働くイオン結合について説明してきたが，電気陰性度の差などにより分子の電荷分布が不均一な場合，双極子が生じることはすでに 3.6 節で学んだ．この双極子とイオン，あるいは双極子間での引力は**分子間力**（intermolecular force）と呼ばれ，イオン結合の 1 種とみなすことができるが，電荷も小さく，距離も離れているため，通常のイオン結合と比べて力は弱い．分子間力は，図 4.4 で模式的に示したように，(a) イオン-双極子，(b) 双極子-双極子，(c) 水素結合，および (d) 分散力などに分類される．表 4.3 にこれらの結合エネルギーの大きさを比較した．

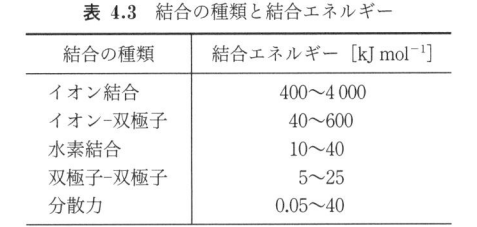

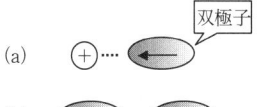

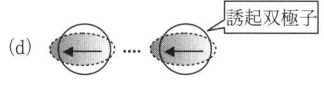

図 4.4 分子間力の分類

表 4.3 結合の種類と結合エネルギー

結合の種類	結合エネルギー [kJ mol^{-1}]
イオン結合	400〜4 000
イオン-双極子	40〜600
水素結合	10〜40
双極子-双極子	5〜25
分散力	0.05〜40

a. イオン-双極子

イオンと極性分子が近づくと，イオン-双極子力が働く．たとえば，水中にあるイオン性の結晶のイオンと水の双極子による引力が結晶の格子エネルギーよりも強いとき，イオンはバラバラになって溶ける．それゆえ，イオン-双極子間力はイオン結晶の水に対する溶解度を決める重要な因子である．言い換えると，結晶表面のイオンは水の双極子に引っ張られるが，その力がイオン間の結合強度を上回るとき，結晶は壊れ，溶解が始まる．溶けたイオンは水分子に囲まれた状態となるが，この状態を**水和**（hydration）と呼ぶ．水和の様子を図 4.5 に示した．たとえば，NaOH を水に溶解するとき，多量の発熱を伴うが，これは NaOH の格子エネルギーに比較して，水和エネルギーが

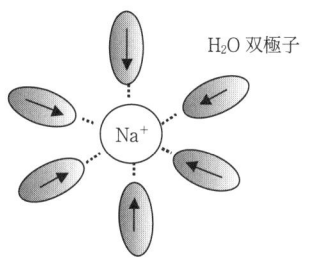

図 4.5 Na$^+$ が水和した状態

表 4.4 アルカリ金属のヨウ素化物の水和エネルギー，格子エネルギーおよび溶解度

イオンの水和エンタルピー [kJ mol^{-1}]		ヨウ素化物	水和エネルギー [kJ mol^{-1}]	格子エネルギー [kJ mol^{-1}]	(水和−格子) エネルギー [kJ mol^{-1}]	溶解度 g/100 g H$_2$O
I$^-$	−291.5					
Li$^+$	−536.3	LiI	−867	−760	−107	60.2
Na$^+$	−420.8	NaI	−741	−697	−44	61.5
K$^+$	−337.1	KI	−647	−641	6	56.0
Rb$^+$	−312.5	RbI	−619	−627	−8	55.5
Cs$^+$	−287.3	CsI	−592	−589	−3	30.6

非常に大きいためである．

表4.4にアルカリ金属のヨウ素化物の水和エネルギー，格子エネルギーおよび水への溶解度のデータをまとめて示した．周期が高くなるにつれて，格子エネルギーに比べて水和エネルギーが下がり，そのため溶解度が低下する傾向が現れている．

b. 双極子-双極子

双極子をもつ極性分子が液体中で互いに近づくと，その部分的電荷は小さい電場として作用し，ある極性分子中のプラス極は他の極性分子のマイナス極を引き付け，双極子-双極子相互作用が生じる．

たとえば，極性分子であるシス-1,2-ジクロロエチレンの沸点は60.3℃であり，非極性分子であるトランス型より高い沸点（47.5℃）をもっているのは，この相互作用のためである．同じ大きさや分子量の分子であっても双極子モーメントが大きいほど，分子間の双極子-双極子相互作用が大きくなり，沸点も高くなる傾向がある．図4.6にほぼ同じ分子量をもつ分子について，双極子モーメントと沸点の関係を示した．分子の双極子モーメントが大きいほど，沸点が高くなることがわかる．

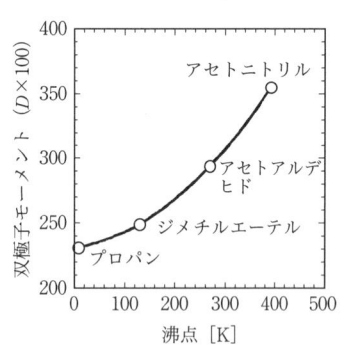

図 4.6 双極子モーメントと沸点の関係

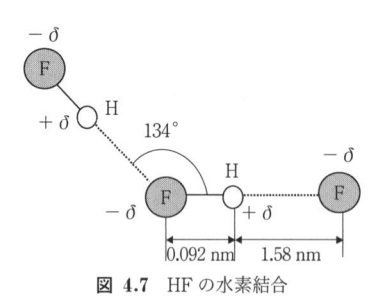

c. 水 素 結 合

前述の双極子-双極子相互作用の特別なケースとして，電子対をもった電気陰性度の大きい原子と結合した水素原子があげられる．これに相当する原子は N，O，F で，H-N，H-O，H-F 結合は非常に極性が強い．ある分子において，部分的に正に帯電した H は，別の分子で負に帯電している N，O あるいは F を引き付けることになる．これが**水素結合**（hydrogen bond）である．図4.7に HF における水素結合の様子を示した．水素結合により HF 分子はジグザグ状につながっている．

図 4.7 HF の水素結合

図4.8に14族から17族の水素化物の沸点を示した．CH_4からSnH_4までの14族の水素化物のように極性の小さい分子では，分子量が大きくなるにつれて，沸点も上昇する傾向が見られる．しかし，他の族では第1周期の水素化物であるNH_3，H_2Oおよび HF はこの傾向から非常に大きく外れている．これらの分子中では水素結合が強く分子を結合しているため，分子を気体にするのに多くのエネルギーが必要であると理解される．

図 4.8 種々の水素化物と沸点

d. 分散力（ファン・デル・ワールス力）

ここまでは，イオンや分極性の分子など，すでに存在する電荷に基づいた分子間力について述べてきた．しかし，メタン，塩素あるいは希ガスなどの非極性の分子でも，低温で液化したり固化したりするが，これらの間に働く力は**ファン・デル・ワールス**（van der

Waals）力として知られている．一方，ドイツの物理学者ロンドン（F. London）が，この非極性の分子に働く力を最初に量子力学的に明らかにしたので，彼の名前にちなんで**ロンドン力**，もしくは**分散力**（dispersion force）とも呼ばれている．

分散力は電子の電荷の瞬間的な偏りに起因する．原子中の電子の電荷は核の周りを平均的に分布しているため，原子は非極性である．しかし，瞬間的には原子は一時的な双極子を生じ，近くの原子に影響を及ぼす．いま，2つのAr原子を考える．それらが遠く離れているときは，何の相互作用もないが，互いに近づいたとき，瞬間的に生じた双極子は他の原子の双極子を誘起させ，互いの間に引力が働く結果となる．特に低温では双極子間の引力はすべての原子間で働く．この分散力の強さは原子がもつ電子数に比例して強くなる．たとえば，He，Ne，Ar，Krと原子量が大きくなるにつれて，分散力が強くなり，結果として沸点も，それぞれ4.22，27.1，87.3，120 Kと高くなる．

【演習問題】

1. 以下のデータ（単位：$kJ\,mol^{-1}$）を用いて，MgF_2の格子エネルギーを計算せよ．

   $\Delta H_f(MgF_2) = -1123$,　　$S(Mg) = 148$,　　$D_{1/2}(F) = 80$,

   $\Delta H_{IE}(I)(Mg) = 738$,　　$\Delta H_{IE}(II)(Mg) = 1450$,　　$\Delta H_{EA}(F) = -328$

   また，LiFの格子エネルギー（$-1050\,kJ\,mol^{-1}$）と比較して，議論せよ．

2. NaCl構造を有するMgOの格子エネルギーを計算せよ．ただし，Mg-Oの距離は0.210 nm，ボルン指数（n）は7とする．

3. NaCl型構造であるKIの格子エネルギーを求めよ．また，以下のデータ（単位：$kJ\,mol^{-1}$）を用いてIの電子親和力を計算せよ．ここで，KIのイオン間距離は0.353 nm，ボルン指数（n）は11である．

   $\Delta H_f(KI) = -329.8$,　　$S(K) = 90.7$,　　$D_{1/2}(I) = 106$,

   $\Delta H_{IE}(K) = 416.3$

4. 前問のIの電子親和力，解離エネルギーおよび以下のデータ（単位：$kJ\,mol^{-1}$）を用いて，NaIの生成エネルギーを求めよ．ただし，NaIのイオン間距離は0.324 nm，ボルン指数（n）は7とする．

   $S(Na) = 108$,　　$\Delta H_{IE}(Na) = 495$

5　共有結合と分子軌道論

　前章で学んだイオン結合では H_2, F_2, CH_4, NH_3, C_2H_4 などの化合物の結合を説明できない．そこで，電子を授受する傾向の差が小さい2つの非金属原子間では，互いに価電子を出し合い，原子間でこれらの電子を共有することによって結合すると考え，これを**共有結合**（covalent bond）と名づけた．この共有結合はルイス（G. N. Lewis）が1916年に提唱した**オクテット則**（octet rule）に基づき理解された．ルイスは第2周期に属する大部分の原子によって形成される分子は共有結合であることに注目し，分子中の原子の最外殻に8個の電子をもつ希ガスの電子配置のとき，最も安定化すると考えた．これにより，多くの分子の化学結合をうまく説明することに成功したが，一方では，

1) オクテット則では，O原子には結合に関与しない2つの電子対の存在を前提とするため，O_2 が常磁性を示すことが説明できない
2) 定性的で結合強度などについては無力である
3) 分子の立体構造が説明できない

などの問題点があり，これらを解明するには，後ほど説明する分子軌道論による議論を待たねばならなかった．

　すでに第1章で学んだように，ボーアは水素原子をうまく説明した

■ **参考：ルイスのオクテット則**

　たとえば，Fは7個の原子価電子をもっているので，電子がもう1個あれば希ガス構造をとることができる．これは別のF原子の電子1個と共有すれば実現できる．

$$:\!\ddot{F}\!\cdot\, +\, \cdot\!\ddot{F}\!: \longrightarrow\, :\!\ddot{F}\!:\!\ddot{F}\!:$$

　一方，O原子は6個の原子価電子をもっているが，オクテット構造をとるにはさらに2個の電子が必要となる．そこで別のOの電子2個を共有することになる．

$$\cdot\ddot{O}\!\cdot\, +\, \cdot\ddot{O}\!\cdot \longrightarrow\, \ddot{O}\!::\!\ddot{O}$$

ここで，F_2 のように，2個の原子間に2個の電子（1組の電子対）が局在する結合を一重結合といい，F-Fと書く．O_2 のように2組の電子対が局在する結合を二重結合，N_2 の場合は三重結合となり，それぞれO=O，N≡N などと表記する．またこれを**結合次数**（bond order）と呼んでいる．

が，その後の量子論の急速な発展により，原子軌道はある波動関数で表す方が，無理なく原子レベルの問題を理解できることが明らかになってきた．そこで，本章では波動関数と原子軌道の関係，さらに原子軌道から誘導される分子軌道論を学び，共有結合について理解を深めることとする．

5.1 波動方程式

ボーアは，電子を負の電荷をもつ粒子としてとらえて理論を展開し，水素原子のスペクトルを理解することに成功した．しかし，ボーアモデルは電子の位置と速度（運動量）に関する正確な知識を前提としたものであった．一方，ハイゼンベルグ（W. K. Heisenberg）は「電子の位置と運動量を同時に正確に決定することは不可能である」という，いわゆる**不確定性原理**（uncertainty principle）を発表した．それゆえ，この原理はボーアの理論の限界を示すものであった．

シュレーディンガーは電子の物質波の性質から出発し，波の性質と粒子の性質を関係づけるためド・ブロイの関係を導入して，**シュレーディンガー波動方程式**（Schrödinger wave equation）を導いた．

電子は波の性質を有することから，波長が λ で，振動数が ν である波の一次元進行波は

$$y = A \sin 2\pi (x/\lambda - \nu t)$$

と書かれる（図 5.1）．反対方向に進む波は

$$y = A \sin 2\pi (x/\lambda + \nu t)$$

と書けるので，合成波は

$$y = 2A \sin 2\pi (x/\lambda) \cdot \cos 2\pi \nu t \tag{5.1}$$

となり，これは進行しない波（定常波）を示す．定常波は楽器の弦の振動などで見られる現象である．式 (5.1) を x に対して 2 回偏微分すると

$$\frac{\partial^2 y}{\partial x^2} = -2A (\sin 2\pi x/\lambda) \frac{4\pi^2}{\lambda^2} \cos 2\pi \nu t \tag{5.2}$$

$$\frac{\partial^2 y}{\partial x^2} + \frac{4\pi^2}{\lambda^2} y = 0 \tag{5.3}$$

が得られる．

式 (5.3) で，y の代わりに，2 乗すると確率関数の意味をもつ**波動関数**（wave function）ψ に書き換え，ド・ブロイの波長 $\lambda = h/(mv)$ を代入すると

$$\frac{\partial^2 \psi}{\partial x^2} + \frac{4\pi^2 m^2 v^2}{h^2} \psi = 0 \tag{5.4}$$

が得られる．ここで電子の全エネルギー（E）は運動エネルギー（$mv^2/2$）とポテンシャルエネルギー（V）の和であるから，$mv^2/2$

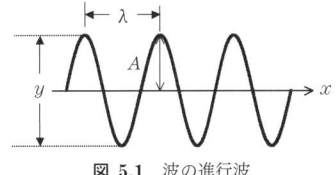

図 5.1 波の進行波

$=E-V$ となる.これを式 (5.4) に代入すると,

$$\frac{\partial^2 \psi}{\partial x^2}+\frac{8\pi^2 m}{h^2}(E-V)\psi=0 \tag{5.5}$$

が得られる.これが一次元におけるシュレーディンガーの波動方程式である.以上からわかるように,シュレーディンガー波動方程式は一般的な波動方程式にド・ブロイの物質波の概念を入れただけであり,その誘導には何ら無理な仮定はみとめられない.また,ψ は**状態関数** (state function) とも呼ばれ,古典力学では波の変位の大きさを意味し,弦の振動ならば振幅に対応する量である.しかし,原子の世界では ψ はその電子の状態を示す関数にすぎないが,2乗することによって,電子の「存在確率」を示す関数となる.すなわち,いま三次元空間の中に小さな体積,$dv=dxdydz$ を考えると,dv 中に電子が存在する確率は $|\psi|^2 dv$ で表される.したがって,存在確率を示す関数を全域にわたって積分すれば,どこかに必ず電子は存在するので,次の関係が成立する.

$$\int \psi^2 dv = 1 \tag{5.6}$$

式 (5.6) は**規格化条件**という.

ここで,シュレーディンガー波動方程式の理解をより深めるために,最も簡単な例として,一次元のポテンシャルの箱($0 \leq x \leq L$ の範囲では $V=0$ であるが,その外側では $V=\infty$)における粒子について検討する.一次元のポテンシャルの箱の中の粒子を図5.2に示す.箱の中では $V=0$ であるから,式 (5.5) のシュレーディンガー方程式は

$$-\frac{h^2}{8\pi^2 m}\frac{d^2 \psi}{dx^2}=E\psi \tag{5.7}$$

と変形できる.ここで $x=0$ と $x=L$ で波動関数 ψ は 0 でなければならないから,

$$\psi = A\sin\frac{n\pi x}{L} \quad (n=1,2,3,\cdots) \tag{5.8}$$

の形に書ける.この波動関数がシュレーディンガー方程式を満たすことを確認するため,式 (5.8) を式 (5.7) に代入すると,

$$\text{左辺}=-\frac{h^2}{8\pi^2 m}\left(-\frac{n^2\pi^2}{L^2}\right)A\sin\frac{n\pi x}{L}=\frac{n^2 h^2}{8mL^2}\left(A\sin\frac{n\pi x}{L}\right) \tag{5.9}$$

$$\text{右辺}=E\left(A\sin\frac{n\pi x}{L}\right) \tag{5.10}$$

となる.それゆえ,

$$E=\frac{n^2 h^2}{8mL^2} \quad (n=1,2,3,\cdots) \tag{5.11}$$

が得られる.ここで,E は不連続な値しか取りえない量子化された

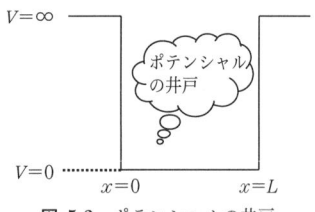

図 5.2 ポテンシャルの井戸

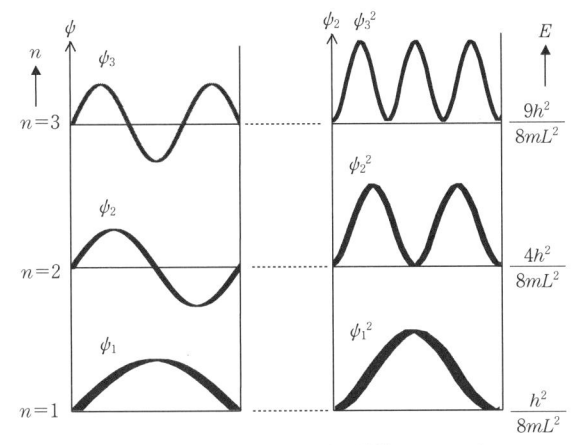

図 5.3 一次元箱中の粒子の波動関数とエネルギー

値になることに注意されたい．次に定数 A を求めるため，ψ を式 (5.6) に代入し，$0 \leq x \leq L$ の範囲で積分し，規格化条件を適用すると，

$$\int_0^L \psi^2 \mathrm{d}x = \int_0^L A^2 \sin^2 \frac{n\pi x}{L} = 1 \quad (5.12)$$

となり，その結果，

$$A = (2/L)^{1/2}$$

が得られる．この値を式 (5.8) に代入すると，

$$\psi_n(x) = (2/L)^{1/2} \sin \frac{n\pi x}{L} \quad (n = 1, 2, 3, \cdots) \quad (5.13)$$

となる．ここで，波動関数は**規格化** (normalization) されたという．また，$\psi_n(x)$ は n 番目の許された状態を示し，その状態のエネルギーは式 (5.11) で示した E_n である．この場合，E_n を元の方程式の**固有値** (eigen value)，$\psi_n(x)$ を E_n に対する**固有関数** (eigen function) という．図 5.3 にエネルギーレベルとともに，$\psi_n(x)$ と $\psi_n^2(x)$ を示す．

5.2 水素原子の波動関数と原子軌道の特徴

これまで一次元で考えてきたが，シュレーディンガー方程式を水素原子に適用するには，式 (5.5) を三次元に拡張しなければならない．三次元のシュレーディンガー方程式は

$$\frac{\partial^2 \psi}{\partial x^2} + \frac{\partial^2 \psi}{\partial y^2} + \frac{\partial^2 \psi}{\partial z^2} + \frac{8\pi^2 m}{h^2}(E - V)\psi = 0 \quad (5.14)$$

と書かれる．ここで波動方程式は直角座標 (x, y, z) から極座標 (r, θ, ϕ) に変換した方が解きやすくなる．直角座標と極座標の関係は図 5.4 に示す．また，x, y, z は r, θ, ϕ と以下のように関係づ

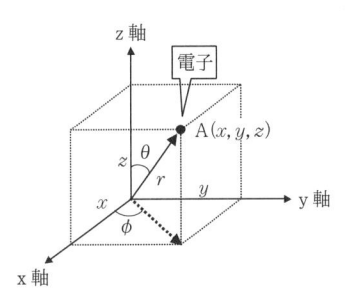

図 5.4 直交座表と極座標の関係

けられる.

$$z = r\cos\theta$$
$$y = r\sin\theta\sin\phi$$
$$x = r\sin\theta\cos\phi$$

座標変換によって，式（5.14）は結局以下の式に変換される．

$$\frac{1}{r^2}\frac{\partial}{\partial r}\left(r^2\frac{\partial\psi}{\partial r}\right)+\frac{1}{r^2}\frac{1}{\sin^2\theta}\frac{\partial^2\psi}{\partial\phi^2}+\frac{1}{r^2}\frac{1}{\sin\theta}\frac{\partial}{\partial\theta}\left(\sin\theta\frac{\partial\psi}{\partial\theta}\right)$$
$$+\frac{8\pi^2 m}{h^2}(E-V)\psi=0 \qquad (5.15)$$

この微分方程式を解くには変数分離法と呼ばれる手法を用いるが，かなり複雑でその解説は本書の目的から外れるので省略し，その結果だけを示すことにする．得られた波動関数は次のように r, θ, ϕ を変数とする3つの関数の積として表される．

$$\psi = R_{nl}(r)\cdot\Theta_{lm}(\theta)\cdot\Phi_m(\phi) \qquad (5.16)$$

この波動関数は

1) $R_{nl}(r)$ は核からの距離 r に依存し，また量子数 n と l に依存する関数
2) $\Theta_{lm}(\theta)$ は量子数 l と m に依存する θ の関数
3) $\Phi_m(\phi)$ は量子数 m にのみ依存する ϕ の関数

からなっている．この $R_{nl}(r)$ は**動径波動関数**（radial wave function），$\Theta_{lm}(\theta)$ と $\Phi_m(\phi)$ は**角波動関数**（angular wave function）と呼ばれている．ここで，粒子から出発したボーアの理論と波動から出発した波動関数を比較すると，式（5.16）における n はボーアの主量子数 n と一致し（1.4節参照），また l と m はそれぞれ方位量子数，磁気量子数（1.5節および1.6節参照）と一致することが判明した．

また，角波動関数である $\Theta_{lm}(\theta)$ と $\Phi_m(\phi)$ をまとめて $Y_{lm}(\theta,\phi)$ として，

$$\psi = R_{nl}(r)\,Y_{lm}(\theta,\phi) \qquad (5.17)$$

とも書かれる．

一方，水素原子のポテンシャルエネルギー（V）を $V=-e^2/4\pi\varepsilon_0 r$ として波動方程式を解くと，水素原子のエネルギーは

$$E = -\frac{me^4}{8\varepsilon_0^2 h^2 n^2} \qquad (5.18)$$

となった．この結果は，ボーアの理論から求められたエネルギー（式1.21）と完全に一致している．

以下，波動関数および電子の存在確率について具体的に検討する．代表的ないくつかの波動関数を表5.1で示した．

一方，この波動関数から電子密度を調べるには，5.1節で触れたよ

表 5.1 水素原子の波動関数

n	l	m_l	$R(r)$	$Y(\theta,\phi)$	軌道の記号
1	0	0	$2\left(\dfrac{1}{a_0}\right)^{3/2} e^{-r/a_0}$	$\left(\dfrac{1}{4\pi}\right)^{1/2}$	1s
2	0	0	$\left(\dfrac{1}{2a_0}\right)^{3/2}\left(2-\dfrac{r}{a_0}\right) e^{-r/2a_0}$	$\left(\dfrac{1}{4\pi}\right)^{1/2}$	2s
2	1	0	$\dfrac{1}{\sqrt{3}}\left(\dfrac{1}{2a_0}\right)^{3/2}\left(\dfrac{r}{a_0}\right) e^{-r/2a_0}$	$\left(\dfrac{3}{4\pi}\right)^{1/2}\cos\theta$	$2p_z$
2	1	+1	$\dfrac{1}{\sqrt{3}}\left(\dfrac{1}{2a_0}\right)^{3/2}\left(\dfrac{r}{a_0}\right) e^{-r/2a_0}$	$\left(\dfrac{3}{8\pi}\right)^{1/2}\sin\theta e^{-i\phi}$	$2p_1$
2	1	−1	$\dfrac{1}{\sqrt{3}}\left(\dfrac{1}{2a_0}\right)^{3/2}\left(\dfrac{r}{a_0}\right) e^{-r/2a_0}$	$\left(\dfrac{3}{8\pi}\right)^{1/2}\sin\theta e^{+i\phi}$	$2p_{-1}$

図 5.5 球面座標における体積素片

うに $|\psi|^2 \mathrm{d}v$ を検討しなければならない.軌道が球対称の場合は,$\mathrm{d}v = 4\pi r^2 \mathrm{d}r$ であるので,半径 r,厚さ $\mathrm{d}r$ の球殻中に電子を見いだす確率は $4\pi r^2 \psi^2 \mathrm{d}r$ で与えられる.しかし,一般的な軌道の場合,$\mathrm{d}v$ として

$$\mathrm{d}v = r^2 \mathrm{d}r \sin\theta \,\mathrm{d}\theta \,\mathrm{d}\phi \tag{5.19}$$

を用いなければならない(図 5.5).そこで,ある電子の波動関数を $\psi = R(r)Y(\theta,\phi)$ とすると,この電子を体積素片 $\mathrm{d}v$ に見いだす確率は $\{R(r)Y(\theta,\phi)\}^2 \mathrm{d}v$ である.したがって,半径 r で,厚さ $\mathrm{d}r$ 中に電子を見いだす確率は表面全体を積分すればよい.すなわち電子の存在確率を $P(r)\mathrm{d}r$ とすると,

$$P(r) = \int \psi^2 \mathrm{d}v = \iint R^2(r) Y^2(\theta,\phi) r^2 \mathrm{d}r \sin\theta \,\mathrm{d}\phi$$

が得られる.この結果,

$$P(r) = r^2 R(r)^2 \tag{5.20}$$

となった.すなわち,電子密度を求めるには動径波動関数 $R(r)$ のみを考慮すればよいことがわかる.

以上の結果と,表 5.1 で示した波動関数を用いて,電子が $r \sim r + \mathrm{d}r$ の範囲に存在する確率を計算し,各軌道の特徴について検討する.

a.　s　軌　道

表 5.1 に与えられた水素の 1s 軌道に対する波動関数を用いて計算

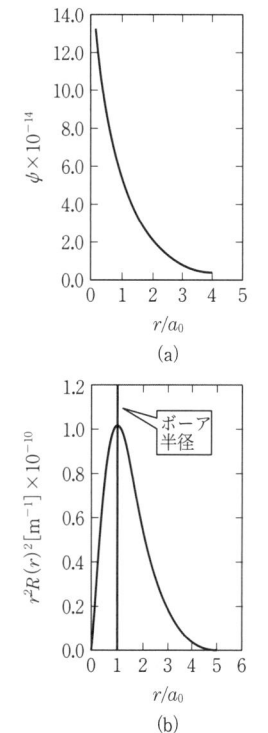

図 5.6 水素原子の 1s 軌道(a)と電子の存在確率(b)

■ **参考:電子の存在確率 $P(r)$ の計算**

$$\begin{aligned}P(r)\mathrm{d}r &= \int_0^{2\pi}\int_0^{\pi} R(r)^2 Y(\theta,\phi)^2 r^2 \mathrm{d}r \sin\theta \,\mathrm{d}\theta \,\mathrm{d}\phi \\ &= r^2 R(r)^2 \mathrm{d}r \int_0^{2\pi}\int_0^{\pi} Y(\theta,\phi)^2 \sin\theta \,\mathrm{d}\theta \,\mathrm{d}\phi\end{aligned} \tag{5.21}$$

ここで,波動関数の角度部分は規格化されているので

$$\int_0^{2\pi}\int_0^{\pi} Y(\theta,\phi)^2 \sin\theta \,\mathrm{d}\theta \,\mathrm{d}\phi = 1$$

である.それゆえ,

$$P(r) = r^2 R(r)^2$$

が得られる.

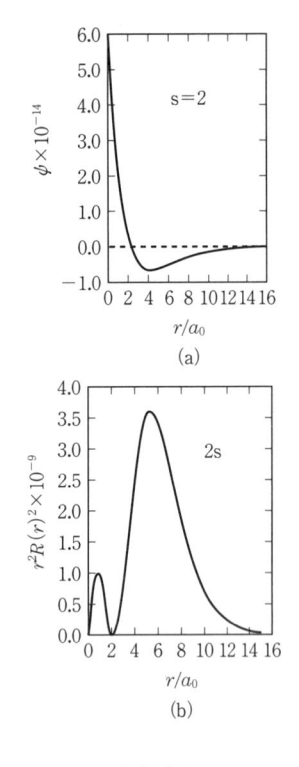

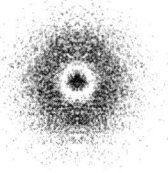

した波動関数（図5.6(a)）と，電子密度の存在確率に相当する $r^2R(r)^2$（図5.6(b)）を r/a_0 の関数として示した．ここで a_0 はボーアの原子半径を示す．

1s軌道では電子が見いだされる確率が最も高い半径は $r/a_0=1$ であり，これは $r=a_0$，すなわちボーア半径と一致していることがわかる．図5.7は同様に水素の2s軌道の波動関数（図5.7(a)）と電子密度の存在確率（図5.7(b)）を r/a_0 の関数として示した．さらに図5.7(c)には電子の存在確率をドットで示した．ドットの点が多い場所ほど存在確率が高いことを示している．この図は**電子雲**（electron cloud）と呼ばれ，実際の軌道をイメージするのに適した図といえる．

b. p 軌 道

p軌道は $l=1$ であるから，磁気量子数が $m_l=1,0,-1$ である3種類の軌道が存在する．たとえば，$m_l=0$ の軌道の角度依存性は表5.1から $\cos\theta$ のみの関数となっている．そこで極座標 $z=r\cos\theta$ について検討する．$\theta=15°,45°,60°$ で $z=0.966r,0.707r,0.500r$ となり，角度と z の間に1つの軌跡が得られる．この結果は図5.8に示すように z軸方向に広がった軌道で，x軸に対称で原点に接する2つの円軌道になる．以後，軸方向に広がった軌道部分をローブ（ふくらみ）と呼ぶ．図5.8に見られる"＋"および"－"の符号は波動関数の値が正か負かを表しており，電荷の符号とはまったく関係がないことに注意すべきである．

他の2つのp軌道は，$m_l=+1(p_1)$ と $-1(p_{-1})$ の軌道であるが，表5.1の波動関数からわかるように，このままでは虚数が含まれているので取り扱いに不便である．そこで，これらの波動関数を一次結合という数学的な扱いによって $2p_x$ と $2p_y$ という虚数を含まない形に変換することができる．$2p_x$ および $2p_y$ と p_1 および p_{-1} の角波動関数 Y_{2p1} と Y_{2p-1} は以下のような関係になる．

$$2p_x = \frac{1}{\sqrt{2}}(Y_{2p1}+Y_{2p-1}) = \left(\frac{3}{4\pi}\right)^{1/2}\sin\theta\cos\phi \quad (5.22)$$

$$2p_y = \frac{1}{i\sqrt{2}}(Y_{2p1}-Y_{2p-1}) = \left(\frac{3}{4\pi}\right)^{1/2}\sin\theta\sin\phi \quad (5.23)$$

$2p_x$ および $2p_y$ の軌道を図5.9に示した．$2p_z$ が z軸上に広がった軌道であったように，$2p_x$ および $2p_y$ はそれぞれ x軸および y軸に広がった軌道となっているので，理解されやすいと思われる．

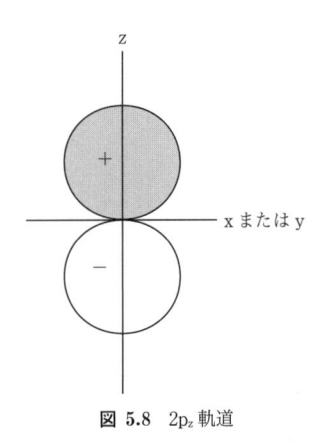

c. d 軌 道

主量子数 $n=3$ になると，方位量子数には $l=0$（s軌道），1（p軌道），2（d軌道）の3種類の軌道が存在し，$l=2$ のとき，m_l の値は $2,1,0,-1,-2$ の5種類の軌道が存在する．p軌道のときと同様に，

図 5.7 水素原子の2s軌道と電子の存在確率

図 5.8 $2p_z$ 軌道

図 5.9 $2p_x$ および $2p_y$ の軌道

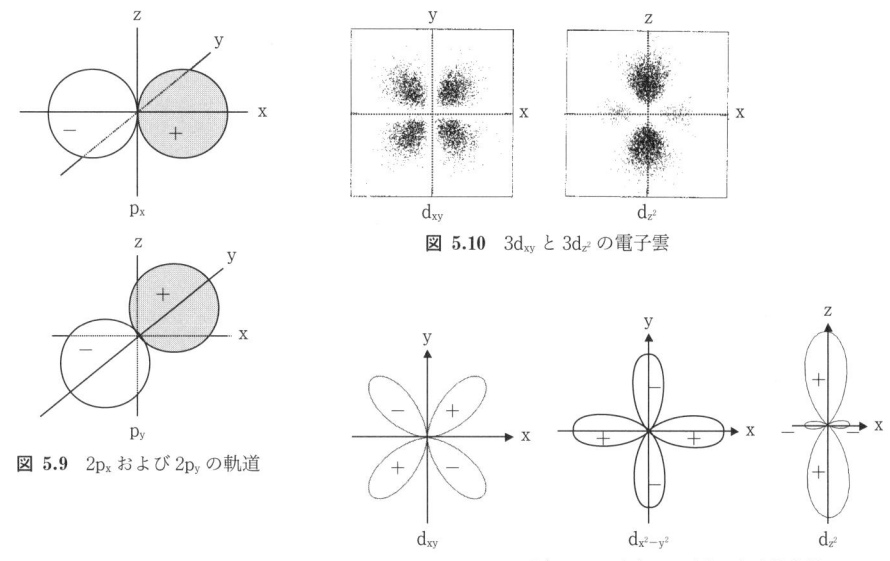

図 5.10 $3d_{xy}$ と $3d_{z^2}$ の電子雲

図 5.11 $3d_{xy}$ (a), $3d_{x^2-y^2}$ (b), $3d_{z^2}$ (c) の角度依存性

d軌道も $m_l=0$ 以外の4つの軌道は虚数 i を含んでいるので，それらの一次結合によって座標軸 x, y, z に関係した波動関数を求めることができる．得られた5つの波動関数は $3d_{xy}$, $3d_{xz}$, $3d_{yz}$, $3d_{x^2-y^2}$, $3d_{z^2}$ と書かれる．$3d_{z^2}$ と $3d_{xy}$ の電子雲を図5.10に示し，5つのd軌道の波動関数のうち，$3d_{xy}$, $3d_{x^2-y^2}$, $3d_{z^2}$ の角度依存性を図5.11に示した．

5.3 分子軌道論

分子軌道法において，電子は分子全体にわたって広がっているとみなされる．ある分子中の1個の電子が，原子Aおよび原子Bの原子軌道のいずれにおいても見いだせる場合，その分子の波動関数 (ψ) は2つの原子軌道の重ね合わせで表せると仮定した．これを**分子軌道** (molecular orbital: MO) という．すなわち原子AとBの波動関数をそれぞれ ψ_A と ψ_B とすると，

$$\psi^{\pm} = N(\psi_A \pm \psi_B) \tag{5.24}$$

と表記できる．ここで N は規格化定数である．式 (5.24) の重ね合わせを**原子軌道の一次結合** (linear combination of atomic orbital: LCAO) と呼び，原子軌道の一次結合によって表された分子軌道をLCAO-MOと呼んでいる．

いま H_2^+ について考えると，次のような2つの分子軌道が得られる．

$$\psi^+ = (1/\sqrt{2})(\psi_A + \psi_B) \tag{5.25}$$

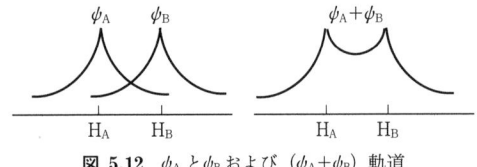

図 5.12 ψ_A と ψ_B および $(\psi_A+\psi_B)$ 軌道

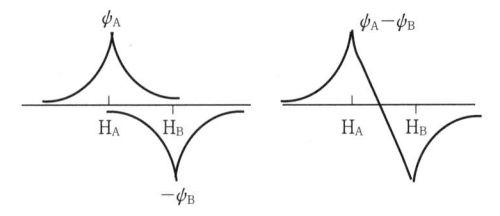

図 5.13 ψ_A と $-\psi_B$ および $(\psi_A-\psi_B)$ 軌道

$$\psi^- = (1/\sqrt{2})(\psi_A - \psi_B) \qquad (5.26)$$

式 (5.25) は同符号の 2 つの波動関数を足し合わせたものである．この様子を図 5.12 に示した．一方，式 (5.26) は ψ_A と $-\psi_B$ を足し合わせたものと考えられる．したがって，これは図 5.13 のように表せる．

電子の存在確率は波動関数の絶対値の 2 乗に比例する．式 (5.25) の波動関数 ψ^+ に当てはまる存在確率は

$$(\psi^+)^2 = 1/2(\psi_A^2 + 2\psi_A\psi_B + \psi_B^2) \qquad (5.27)$$

となる．$2\psi_A\psi_B$ は**重なり密度**と呼ばれ，原子核間の領域に電子を見いだす確率が増大することを表している．したがって分子軌道 ψ^+ は 2 つの原子軌道が強く相互作用し，結合に寄与している．そこで，この軌道を**結合軌道** (bonding orbital) と呼ぶ．またここでは，分子軌道は 1s の原子軌道から生じているので $\sigma(1s)$ 軌道と名づける．

一方，$(\psi^-)^2$ には $-2\psi_A\psi_B$ が現れ，電子が核の間に存在する確率は減少する．そのため，この分子軌道は**反結合軌道** (antibonding orbital) と呼んでいる．1s 軌道からなる反結合軌道は $\sigma^*(1s)$ あるいは σ^*_{1s} と表す．

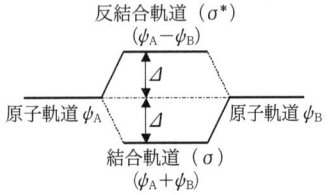

結合軌道と反結合軌道のエネルギーの関係を図 5.14 に示す．図中の Δ は**安定化エネルギー**と呼ばれ，結合軌道は原子軌道より Δ だけエネルギーが下がり，逆に反結合軌道は Δ だけエネルギーが上がる．H_2^+ の場合は $\sigma(1s)$ 軌道に電子 1 個だけ入るため，Δ だけ安定化するので分子を形成する．また，図 5.15 に示したように，H_2 では 2 つの電子が $\sigma(1s)$ 軌道に入るので，安定化エネルギーは 2Δ となり，H_2^+ より安定な分子を形成することが理解できる．図中の上向きと下向きの矢印は，それぞれスピン磁気量子数 $1/2$ と $-1/2$ を表す．

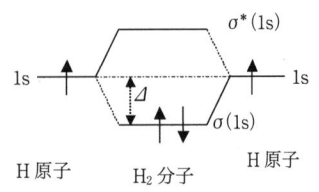

He の場合を検討してみよう．1 原子当たり 2 つの電子，計 4 つの電子が分子軌道に入る．すなわち，電子配置は $\sigma(1s)^2\sigma^*(1s)^2$ となる．$\sigma(1s)$ の 2 つの電子により 2Δ だけエネルギーは下がるが，そのエネルギーは $\sigma^*(1s)$ の 2 つの電子により相殺される．すなわち，He は分子を形成しないと解釈できる．

図 5.14 結合軌道と反結合軌道のエネルギーの関係

図 5.15 H_2 の分子軌道

5.4 各種軌道の組み合わせによる分子軌道

a. s-p_x 軌道の組み合わせ

p_x 軌道のローブが結合する原子の核を結ぶ方向に向いているとき，s 軌道と p_x 軌道の重なり合いが生じる．もし s 軌道に近い p_x 軌道のローブと s 軌道の符号が同じならば，結合軌道になり，逆に符号が反対ならば，原子核間の電子密度は減少し，反結合軌道となる（図 5.16）．また，原子核を結ぶ結合軸の周りに回転しても符号が変わらない（軸対称）分子軌道を **σ 軌道**という．

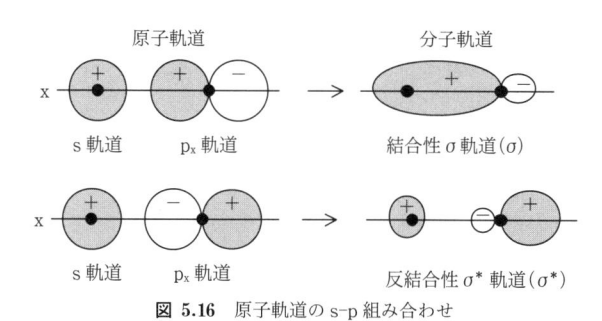

図 5.16 原子軌道の s-p 組み合わせ

b. p-p 軌道の組み合わせ

ともに 2 つの p 軌道のローブが原子核を結ぶ軸方向に向いている場合，図 5.17 に示すように結合性 σ 軌道と反結合性の σ* 軌道が生じる．

軸と垂直方向に広がる p 軌道，たとえば p_y-p_y 軌道の場合，軌道の側面で重なり合いが起こる（図 5.18）．このように原子軌道が核を結ぶ軸と直角で，原子軌道の側面どうしで重なり合って生じた結合を **π 軌道**と呼んで，σ 結合と区別している．π 軌道は結合軸の周りを回転すると符号が変わる（反対称）．π 軌道には結合性の π 軌道と反結合性の π* 軌道の 2 種類が生じる．当然，p_z-p_z の組み合わせにおいても同様の π 軌道が生じる．したがって，$π_p$ 軌道は二重に縮退している．

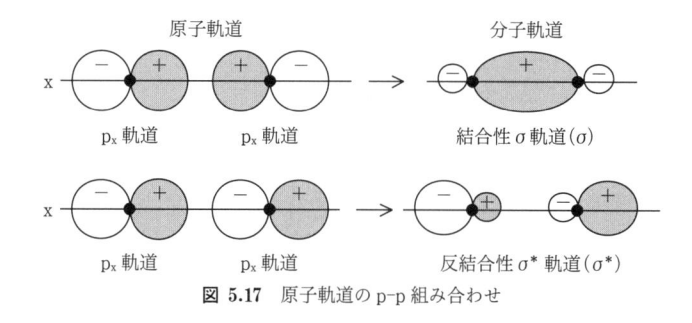

図 5.17 原子軌道の p-p 組み合わせ

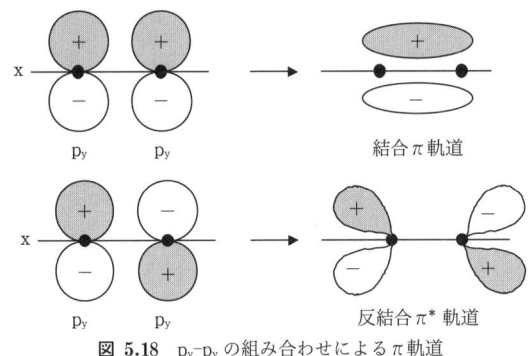

図 5.18 p_y-p_y の組み合わせによる π 軌道

c. p-d 軌道の組み合わせ

1つの原子の p 軌道が他の原子の d 軌道と重なり合って，結合性軌道と反結合性軌道ができる．生じた軌道は結合軸の周りの回転に対して反対称であるから，π 結合である．この様子は図 5.19 に示した．

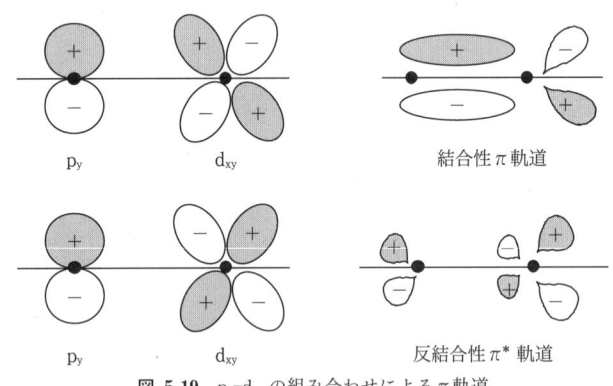

図 5.19 p_y-d_{xy} の組み合わせによる π 軌道

d. 非結合性軌道

図 5.20 に示したような原子軌道の結合の場合，あるローブどうしは＋と＋で重なり合うが，別のローブどうしは＋と－の重なり合いのため，エネルギー的に何の利得も生じない．このような結合を**非結合**（non-bonding）と呼んでいる．

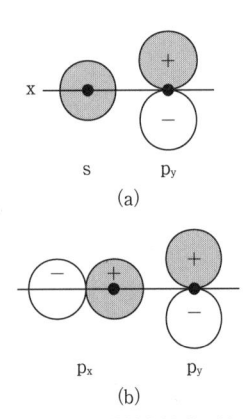

図 5.20 非結合軌道の例

5.5 二原子分子の分子軌道

これまで，種々の原子軌道の組み合わせによる分子軌道（MO）について考察してきたが，この分子軌道の考え方に基づいて簡単な分子について具体的に検討する．まず，MO のエネルギー準位に関する一般的性質を以下にまとめた．

1) 同じエネルギーをもつ原子軌道どうしで分子軌道を形成する．

2) 2s 軌道からの MO は 2p 軌道から作られた MO より，エネルギーは低い．

3) 結合性 MO は反結合性 MO よりもエネルギーは低い．すなわち，σ_{2p} は σ^*_{2p} よりも，π_{2p} は π^*_{2p} よりも低いエネルギーである．

4) p 軌道どうしの組み合わせにおいて，ローブの端と端の結合の方が，側面どうしの結合よりも低いエネルギーである．すなわ

■ **参考：σ_{2p} と π_{2p} のエネルギー準位**

2p 軌道に半分より多い電子が存在するとき，電子対により 2p 軌道と 2s 軌道の間に強い反発力が働き，s と p 軌道間のエネルギー差は非常に大きく，s-p 間の相互作用はみとめられない（図 5.21(a)）．しかし，B，C，N の分子のように，2p 原子軌道の電子が半分以下の場合，この反発力が弱まり，2p 軌道と 2s 軌道のエネルギーは近づく．しかし，分子軌道の形成で生じた電子対の反発のため σ_{2s} と σ^*_{2s} はエネルギーを下げ，逆に σ_{2p} と σ^*_{2p} のエネルギーは高くなる．この様子を図 5.21(b) に示した．また，Li_2 から F_2 までの分子軌道のエネルギー変化を図 5.22 に示した．

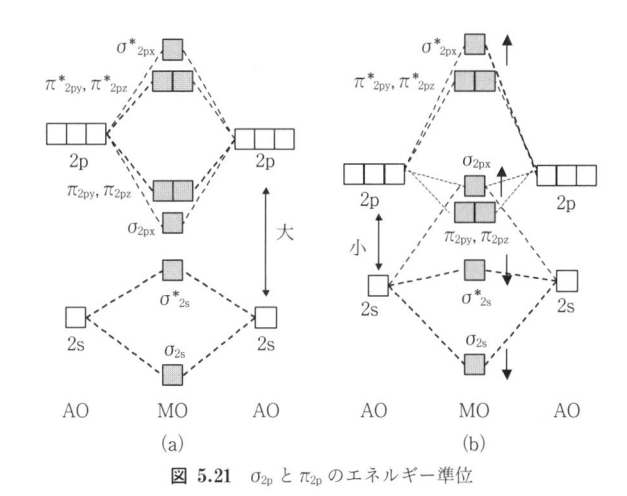

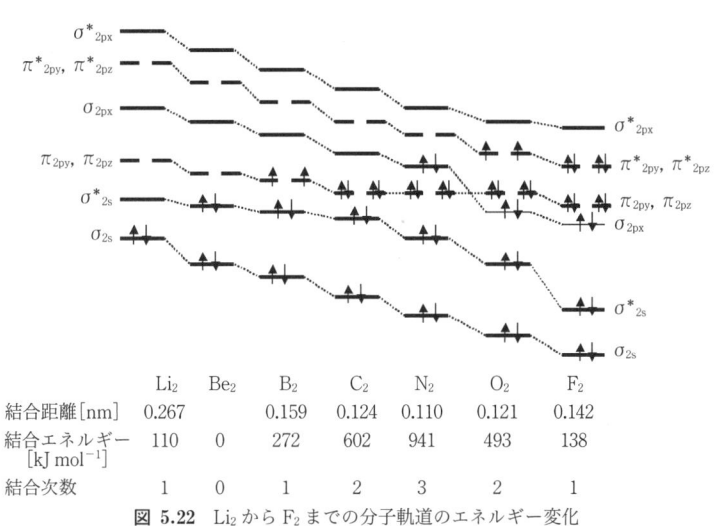

図 5.21 σ_{2p} と π_{2p} のエネルギー準位

	Li_2	Be_2	B_2	C_2	N_2	O_2	F_2
結合距離 [nm]	0.267		0.159	0.124	0.110	0.121	0.142
結合エネルギー [kJ mol^{-1}]	110	0	272	602	941	493	138
結合次数	1	0	1	2	3	2	1

図 5.22 Li_2 から F_2 までの分子軌道のエネルギー変化

図 5.23 O_2 の分子軌道

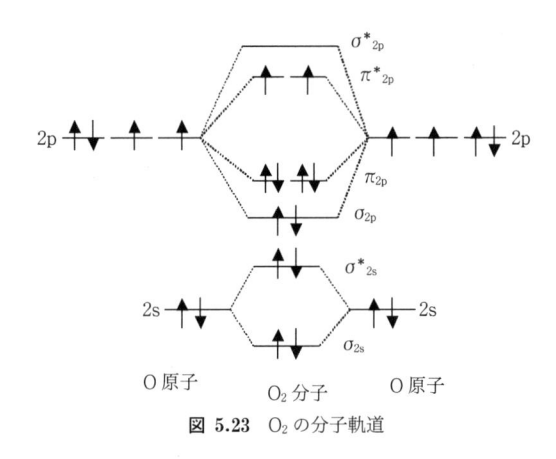

ち，σ結合の方が π 結合より低いエネルギーとなる．逆に σ^* 結合の方が π^* 結合より不安定になり，エネルギーも高くなる．結局，2p 軌道からつくられたエネルギー準位は以下のようになる．

$$\sigma_{2p} < \pi_{2p} < \pi^*_{2p} < \sigma^*_{2p}$$

O，F，などの分子はこの準位にしたがう．ところが，B，C，N の分子では σ_{2p} と π_{2p} の準位が逆転することに注意すべきである．

具体的な分子の電子配置は，2つの原子から供給されるすべての電子を，フントの法則にしたがって，低い MO から順に埋めていけばよい．図 5.23 に O_2 の分子軌道における電子配置を示した．O_2 の電子数の合計は 16 個であるが，図では σ_{1s} と σ^*_{1s} 軌道を省略して示してある．MO の電子配置はまた，O_2 の場合を例にすると，

$$(\sigma_{1s}^2, \sigma^*_{1s}{}^2,) \sigma_{2s}^2, \sigma^*_{2s}{}^2, \sigma_{2px}^2, \pi_{2py}^2, \pi_{2pz}^2, \pi^*_{2py}{}^1, \pi^*_{2pz}{}^1$$

のように表せる．O_2 分子は，この電子配置からもわかるように π^*_{2py} と π^*_{2pz} の反結合軌道に不対電子が 1 個ずつ入っている．分子軌道の形成によって生じたこの不対電子が酸素の常磁性を容易に説明することができたのである．

ここで，**結合次数**（bond order）について検討する．結合次数は

$$結合次数 = \{(結合軌道にある電子数) - (反結合軌道にある電子数)\}/2 \quad (5.28)$$

で定義され，結合に関与する正味の電子対を示している．たとえば，N_2 では σ_{2s} 以上の軌道で考えると，$(8-2)/2 = 3$ で結合次数は 3 である．同様に，N_2^+ の結合次数は 2.5 となる．当然，結合次数が高ければ，結合軌道に存在する電子の数が多いことから，結合強度も強くなる．表 5.2 に N_2，N_2^+，O_2，O_2^+ 分子の結合次数と結合強度および結合距離をまとめて示す．

すでに述べたように，原子間で結合が成り立つためには，2つの原子軌道が接近していること，電子雲が重なり合うことが求められる．

表 5.2 N_2, N_2^+, O_2, O_2^+ 分子の結合次数と結合強度および結合距離

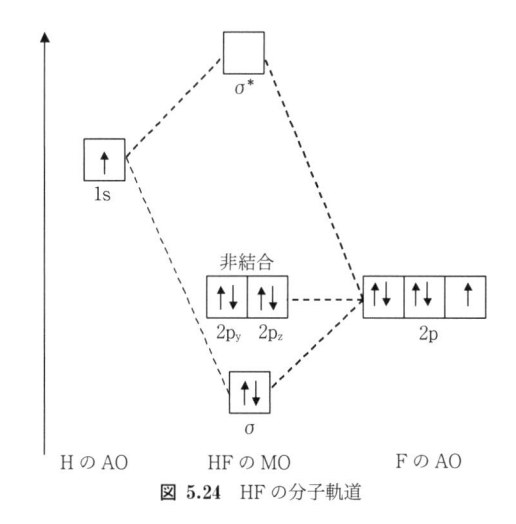

	N_2	N_2^+	O_2	O_2^+
結合次数	3	2.5	2	2.5
結合エネルギー[kJ mol^{-1}]	945	841	498	623
結合距離[nm]	0.110	0.112	0.121	0.112

図 5.24 HF の分子軌道

したがって，原子軌道が接近している NO 分子のような異核二原子分子は等核分子と同様に考えればよい．NO の場合，両者からの電子数の合計は 15 個で O_2^+ 分子と電子配置は等しくなる．

一方，HF について検討する．F 原子は原子核の正電荷が大きいので，H の場合よりも電子を強く引き寄せるため，F の電子で満たされた原子軌道は H の 1s 軌道よりも低いエネルギー準位になる．結果として，H の 1s 軌道は F の 2p 軌道とだけ相互作用する．すでに述べたように，s-p 軌道の場合，p_y と p_z 軌道は s 軌道とは非結合軌道となり，分子形成への安定化への寄与はない．それゆえ，1s と $2p_x$ からの σ 結合だけが結合に寄与している．この様子を図 5.24 に示す．

【演習問題】

1. ド・ブロイの関係を用いて，式 (5.3) から一次元のシュレーディンガーの式（式 (5.5)）を導け．

2. MO のエネルギー準位に基づいて，H_2^+ および H_2^- の分子が存在するかどうか考えよ．また，結合次数を求めよ．

3. O_2^+, O_2, O_2^-, O_2^{2-} の結合強度はどう違うか．MO エネルギー準位図に基づいて説明せよ．

4. 以下のデータが示すように，N_2 から電子 1 個を取り去ると，結合強度は弱くなり，結合距離は長くなる．一方，O_2 の場合，結合強度は強くなり，距離は短くなる．この理由を分子軌道の観点から説明せよ．

	N_2	N_2^+	O_2	O_2^+
結合強度 [kJ mol^{-1}]	945	841	498	623
結合距離 [pm]	110	112	121	112

5． NO分子の電子構造がO_2の電子構造からどのように推論できるか．

6 混成軌道と配位結合

　錯体は種々の触媒として利用される一方，その多彩な色は金属イオンの定量分析，および染料や顔料として利用されている．さらに錯体は生活排水，工場排水中の金属イオンの回収除去，海水中の有用金属イオンの選択的採取などにも一役買っていることからもわかるように，分析化学や環境化学とも密接な関係がある．一方，動物体内には酸素を運搬するヘモグロビン，造血作用をもつビタミン B_{12} をはじめ，生体内反応を円滑にする多くの金属錯体，すなわち金属タンパク質や金属酵素などが存在し，生物化学と密接に関係している．さらに金属錯体を抗菌剤，制がん剤，臨床検査試薬として利用する傾向が高まり，医化学との関係も無視できなくなってきている．

　本章では，錯体や配位化合物の構造を理解するために導入された混成軌道や，金属イオンと配位子との結合で得られる配位化合物について学ぶとともに，それらの性質を理解するための結晶場理論と磁気的性質についても学ぶ．

6.1 混　成　軌　道

　3原子以上で形成される分子，たとえばメタン（CH_4）の構造やC-H 結合の等価性は，C の原子軌道が重なって得られる単純な分子軌道では説明できない．メタン分子は等価な 4 つの H 原子が中心の C 原子と結合した形である．基底状態の C 原子の電子配置は [He]$2s^2 2p^2$ で，2p 軌道に 2 つの不対電子をもっている．この 2p 軌道がそれぞれ H 原子と結合すると，分子式は CH_2 となり，H-C-H の結合角は 90°になるはずである．しかし，実際の分子式は CH_4 で，等価な 4 つの C-H 結合と，4 つの H-C-H の結合角はすべて 109°28′ であり，この考え方と矛盾する．この矛盾を解決するため，ポーリングは原子軌道を混合した**混成化**（hybridization）と呼ばれる概念を提案した．この混成によって生じた安定な結合を用いて，実際の分子の形をうまく説明することができた．この新しい原子軌道を**混成軌道**（hybrid orbital）という．得られた混成軌道の数は，混合した原子軌道の数に等しく，その形は元の原子軌道の形と異なっていることに注

意すべきである．以下，いくつかの代表的な混成軌道の例について検討する．

a. sp 混成軌道

s 軌道と p 軌道を混合して形成された，同じエネルギーからなる 2 つの軌道は sp 混成軌道と呼ばれる．この 2 つの sp 混成軌道は，互いに反対方向を向いているので，結合によって生じた 2 つの電子対は，両者間の反発をできるだけ弱められることになる．

sp 混成軌道の具体例として $BeCl_2$ について検討する．基底状態の Be 原子の電子配置は $1s^2 2s^2$ であり，不対電子がないので，そのままでは共有結合を形成できない．そこで，Be 原子は $1s^2 2s^1 2p^1$ の「励起状態」を経由して 2 つの混成軌道を形成し，電子は 1 個ずつ入る．この混成軌道の電子が Cl 原子の不対電子と共有結合したものと理解できる．この様子を図 6.1 に示す．この混成軌道の導入によって，$BeCl_2$ の 2 つの Be-Cl 結合は同じ強さで，結合角が 180° の直線状であるという事実を説明できる．

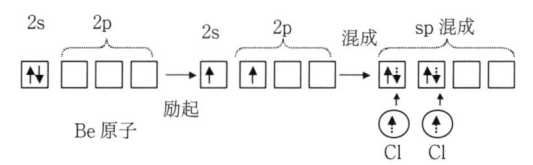

図 6.1 sp 混成軌道の形成過程

数学的に表現すると，混成軌道は 2s と 2p 軌道の一次結合したものであり，2 つの sp 混成軌道は

$$\mathrm{sp}(1) = \frac{1}{\sqrt{2}}(2s+2p) \quad \text{および} \quad \mathrm{sp}(2) = \frac{1}{\sqrt{2}}(2s-2p) \quad (6.1)$$

で表現される．上式の $1/\sqrt{2}$ は規格化定数である．また，sp 混成軌道ができる過程を図 6.2 に模式的に示す．

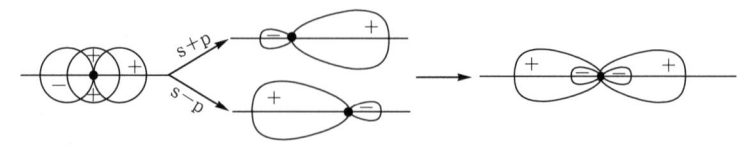

図 6.2 基底状態から sp 混成軌道へ

b. sp^2 混成軌道

sp^2 混成軌道の例として，三フッ化ホウ素（BF_3）がある．B 原子はこの分子の中心原子であり，基底状態は $1s^2 2s^2 2p^1$ の電子配置をもつ．それゆえ，この原子の 1 個の不対電子を用いれば 1 つの共有結合を形成することができるが，それでは BF_3 の実際の構造を説明でき

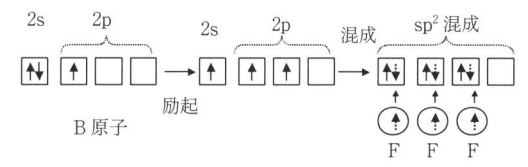

図 6.3 sp² 混成軌道の形成過程

ない。そこで，1つのs軌道と2つのp軌道が混成してできた3つのsp²混成軌道に，それぞれ3つのF原子が重なり合って結合をつくると考えると，結合角∠F-B-Fの120°と分子構造の平面三角形が理解できる（図6.3）。

c. sp³ 混成軌道

sp³混成軌道は1つのs軌道と3つのp軌道から4つの等価混成軌道が形成される。この混成軌道が正四面体の頂点に向く場合に4つの軌道間の反発力は最低になる。しかも，このときの結合角は109°28′となる。sp³混成軌道を有する簡単な化合物の例に，メタン（CH_4），アンモニア（NH_3），水（H_2O）などがある。

CH_4の中心原子であるCの基底状態の電子配置は$1s^2 2s^2 2p^2$である。これが$2s^1 2p^3$の励起状態を経由してsp³混成軌道を形成すると，Cは4つの等価な結合が可能になる（図6.4）。これに4つのHが結合して正四面体型構造の分子となる。この様子を図6.5(a)に示す。

NH_3の中心原子であるNの基底状態の電子配置は$1s^2 2s^2 2p^3$であり，3つの不対電子をもっているので，混成軌道を考える必要はないように思われる。しかし，このp軌道が単純にHと結合した場合，p軌道の形から結合角は90°になり，実際のNH_3の∠H-N-H結合角106°45′を説明できない。そこで，1つの2s軌道と3つの2p軌道による4つのsp³混成軌道を仮定すると，この軌道の3つがHとの結合に使用され，残りの軌道は**孤立電子対**（lone pair）（あるいは**非共有電子対**（unshared electron pair））を有しているので，結合には関与しない。混成軌道の方向は正四面体の頂点を向いているが，CH_4の場合と異なり，4つの軌道中の1つに孤立電子対が存在するので，すべて等価な結合にはならない。一般に，孤立電子対と共有電子対間の反発力は，共有電子対間の反発力より大きい。それゆえ，∠H-N-

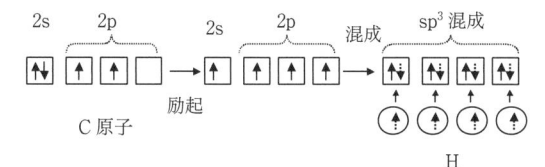

図 6.4 sp³ 混成軌道の形成過程

H 結合角は 109°28′ から 106°45′ に小さくなっている（図 6.5(b)）．

同様に，混成軌道を用いて H_2O の分子構造を理解することができる．これは H_2O の O の基底状態の電子配置 $2s^22p^4$ が $2s^12p^5$ に励起し，sp^3 混成軌道を形成すると考える．この場合，2 つの混成軌道には孤立電子対が含まれ，残る 2 つの混成軌道が H と結合する（図 6.5(c)）．

d. sp^3d 混成軌道

通常，混成はエネルギーの近い軌道間で行われるので，2s（または 2p）と 3s や，3s（または 3p）と 4s 間の混成は不可能である．ところが，d 軌道はエネルギー的に s と p 軌道の中間に位置するので，ある条件下では，下または上の準位と混成が可能になる．つまり 3s と 3d，あるいは 3d と 4s の混成が可能となる．以下にその例を示す．

中心原子が第 3 周期以上の分子には，三方両錘型や八面体型の構造が見られる．この場合，s, p 軌道以外に d 軌道との混成を考慮する必要がある．その一つに sp^3d 混成軌道があり，五塩化リン（PCl_5）がその代表的な化合物である．中心原子である P の基底状態の電子配置は $[Ne]3s^23p^3$ であり，p 軌道に 3 つの不対電子をもっている．5 つの Cl と結合するには新たな混成が必要になる．このため，3s, 3p 軌道以外に 3d 軌道を用いて sp^3d 混成軌道が形成される（図 6.6(a)）．この混成によって得られた分子の構造は，図 6.6(b) に示すように，三方両錘型になる．

e. sp^3d^2 混成軌道

1 つの s, 3 つの p 軌道，2 つの d 軌道との混成で形成された軌道を sp^3d^2 混成軌道という．この混成軌道は八面体形分子を形成する．この混成軌道の例として，六フッ化硫黄（SF_6）がある．S 原子の基底状態は $[Ne]3s^23p^4$ であり，3s, 3p, 3d 軌道との混合により sp^3d^2 混成が形成され，6 個の混成軌道は正八面体の隅に配向する（図 6.7）．

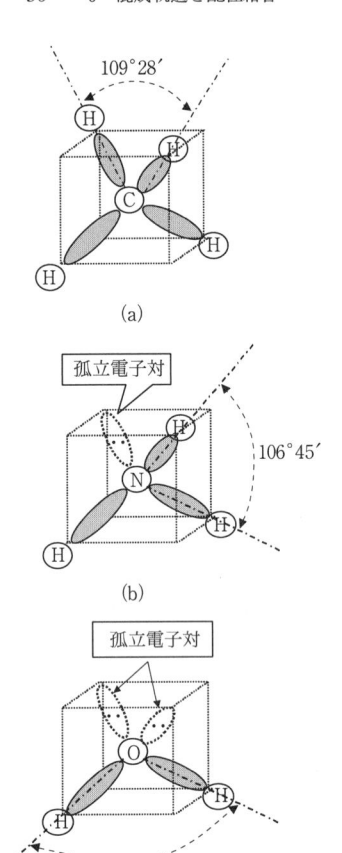

図 6.5 CH_4(a), NH_3(b), H_2O(c) の混成軌道の立体配置

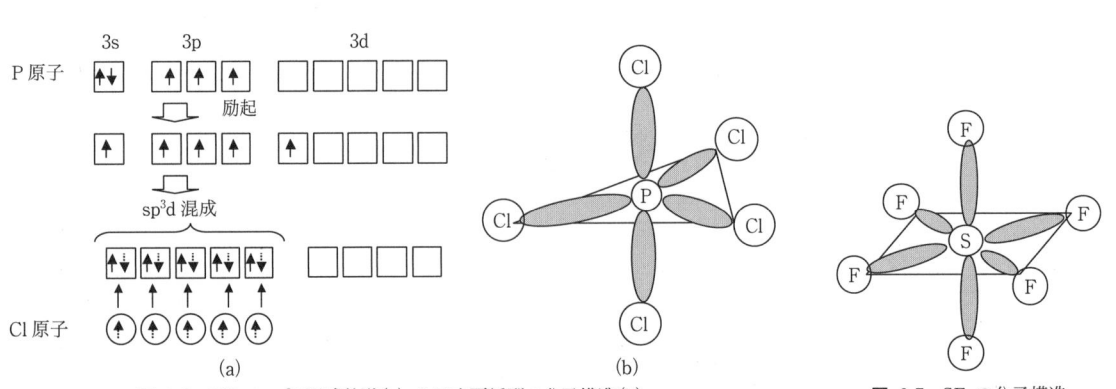

図 6.6 PCl_5 の sp^3d 混成軌道(a) と三方両錘型の分子構造(b)

図 6.7 SF_6 の分子構造

6.2 配位結合と混成軌道

共有結合では，結合する原子から1つずつ電子を出し合って電子対を形成して結合するが，中心金属イオンの空いている軌道に，結合する原子がもつ電子対が入って結合した場合，これを**配位結合**（coordinate bond）といい，電子対を有する原子を含むイオンや分子を**配位子**（ligand）という．配位結合した化合物は，**配位化合物**（coordination compound）または**錯体**（complex）と呼ばれている．

たとえば，Cl^- を含む溶液に $AgNO_3$ 水溶液を加えると，$AgCl$ として沈殿するが，これにアンモニア水を加えると，$[Ag(NH_3)_2]^+$ を形成して溶けることは，定性分析などにおいてよく知られている．この $[Ag(NH_3)_2]^+$ が錯イオンであり，NH_3 が配位子として，中心金属イオンの Ag^+ に配位結合したものである．また，中心金属を取りまく配位原子の数を**配位数**（coordination number）という．たとえば，$[Ag(NH_3)_2]^+$ の場合の配位数は 2 であるが，$[Co(NH_3)_6]Cl_2$ や $[Cu(NH_3)_4]Cl_2$ の配位数はそれぞれ 6 および 4 である．

一方，図 6.8 に示したテトラオキサラト-μ-ジヒドロオキソジクロム（III）酸イオン $[(Cr_2(C_2O_4)_4(OH)_2)]^{4-}$ に見られるような配位化合物を複核または二核配位化合物という．3つあれば三核配位化合物，それ以上のものを**多核配位化合物**（multinuclear coordination compound）という．

さらに，1つの原子団中に配位原子となりうる原子が2つ以上あって，同時に中心金属に配位する配位子を**多座配位子**（multidentate ligand）という．この場合，配位原子2つのものを二座配位子，3つ，4つのものを三座，四座配位子という．この多座配位子のことをキレート剤ともいい，多座配位子が配位してできた配位化合物を**キレート化合物**（chelate compound）という．二座配位子の例としてビス（アセチルアセトナト）銅（II）イオンの構造を図 6.9 に示す．

この配位化合物の結合を理解するのに混成軌道の考え方が利用される．具体的に，$[FeF_6]^{3-}$ と $[Fe(CN)_6]^{3-}$ の例を検討する．$3d^5$ の電子配置である Fe^{3+} に，弱い配位子である F^- が結合するときは，3d 軌道に影響を及ぼすことなく，4s, 4p, 4d 軌道を用いて sp^3d^2 混成軌道になる．一方，強い配位子の CN^- の場合には，3d 軌道の結晶場分裂エネルギー（6.3 節参照）が大きいため，電子は低いエネルギーにある3つの軌道（t_{2g} 軌道）に入り，空いた2つの 3d 軌道（e_g 軌道）と 4s, 4p を用いて d^2sp^3 混成軌道を形成する．この電子配置の様子を図 6.10 に示す．

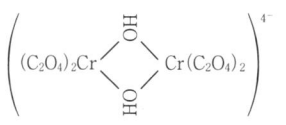

図 6.8 テトラオキサラト-μ-ジヒドロオキソジクロム（III）酸イオン

図 6.9 ビス（アセチルアセトナト）銅（II）イオン

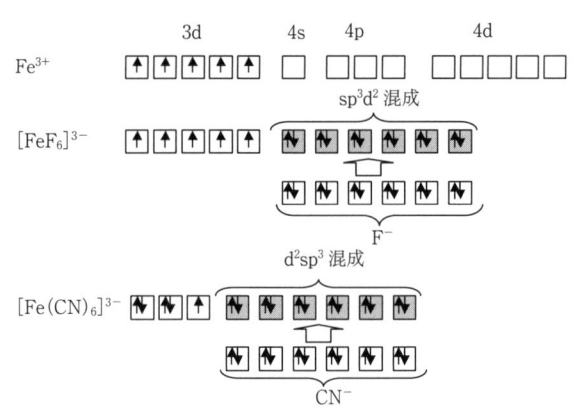

```
                3d          4s    4p      4d
Fe³⁺         ↑↑↑↑↑         □    □□□    □□□□□
                                    sp³d² 混成
[FeF₆]³⁻     ↑↑↑↑↑         ↓↑   ↓↑↓↑↓↑ ↓↑↓↑
                                  ↓↑    ↓↑↓↑↓↑
                                    F⁻
                   d²sp³ 混成
[Fe(CN)₆]³⁻  ↓↑↓↑↑         ↓↑   ↓↑↓↑↓↑
                                  ↓↑    ↓↑↓↑↓↑
                                   CN⁻
```

図 6.10 sp³d² および d²sp³ 混成軌道による配位結合

ここで，$[FeF_6]^{3-}$ は，3d 軌道の外側にある s, p, および空の 4d 軌道を用いて結合するので**外部軌道配位**（outer-orbital coordination）といい，また不対電子の数が多くなるように結合しているので高スピン型配位とも呼ばれる．この他，$[Ni(H_2O)_6]^{2+}$，$[NiCl_4]^{2-}$ などの錯体も外部軌道配位している．

これに対して，$[Fe(CN)_6]^{3-}$ のような配位化合物は，内側の空いた d 軌道と外側の s と p 軌道を用いて結合するので**内部軌道配位**（inner-orbital coordination）といい，また不対電子が最小になるよ

■ **参考：ルイス酸・塩基と金属錯体**

酸と塩基の考え方は，化学反応を考える上で重要な視点であるが，これまで種々の考え方が提案されてきている．

アレニウス（S. A. Arrhenius）は，水溶液中で解離してプロトン H⁺ を生じる化合物が酸で，OH⁻ を生じる化合物が塩基と定義したが，ブレンステッド（J. N. Brønsted）とローリー（T. M. Lowry）は，それぞれ独立に，プロトンを与えるものを酸，プロトンを受け取ることができるものを塩基と定義し，水溶液に限られていた酸・塩基を非水溶液まで広げることができた．たとえば，次式に示したように，HA は H₂O にプロトンを供与するので酸であり，H₂O はプロトンを受け取るので塩基となる．また，B はプロトンを受け取るので塩基で，H₂O は B にプロトンを供与するので酸である．ここで，HA は塩基 A⁻ の共役酸，逆に A⁻ は酸 HA の共役塩基ともいわれる．

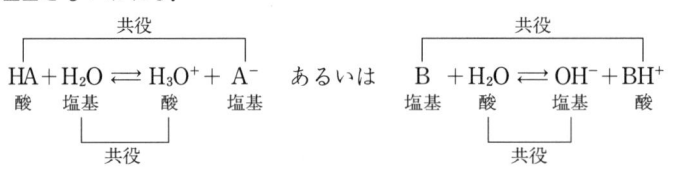

```
        共役                           共役
    ┌─────────┐                   ┌─────────┐
   HA + H₂O ⇌ H₃O⁺ + A⁻    あるいは    B + H₂O ⇌ OH⁻ + BH⁺
   酸   塩基    酸    塩基              塩基  酸    塩基   酸
        └─────────┘                   └─────────┘
            共役                           共役
```

一方，ルイスは，孤立電子対を受け入れることができるもの（電子対受容体）を酸，孤立電子対を与えることができるもの（電子対供与体）を塩基と定義した（1923 年）．すなわち，ルイス酸は空の電子軌道に電子対を受け入れて共有結合を形成するものであるので，プロトンのみならず，多くの金属イオンにも当てはめることができる．たとえば，金属イオンである Ag⁺ と孤立電子対を有する NH₃ から，錯イオンである $[Ag(NH_3)_2]^+$ を形成する反応は，ルイス酸（Ag⁺）とルイス塩基（NH₃）の反応とみなすことができる．このように，酸である金属イオンと，塩基である配位子とが反応して金属錯体を生成する反応は，すべてルイス酸・塩基に基づいて理解できる．

表 6.1 おもな化合物の配位数，分子の型，立体構造，化合物，混成の型

配位数	分子の型	立体構造	化合物	混成の型
2	直線型	L-M-L	$BeCl_2$, $[Ag(NH_3)_2]^+$, $[Ag(CN)_2]^-$ など	sp
3	平面三角形		BF_3, $[Pd(PPh_3)_3]$, $[Pt(PPh_3)_3]$ など	sp^2
4	平面正方形		$[Cu(NH_3)_4]^{2+}$, $[Ni(CN)_4]^{2-}$, $[Pt(NH_3)_4]^{2+}$, $[PdCl_4]^{2-}$, $[AuCl_4]^-$ など	dsp^2
4	四面体型		CH_4, NH_3, H_2O, $[CoCl_4]^{2-}$, $[FeCl_4]^-$, $[NiCl_4]^{2-}$, $[CuCl_4]^{2-}$, $[Zn(NH_3)_4]^{2+}$, $[Hg(SCN)_4]^{2-}$ など	sp^3
5	三方両錐型		PCl_5, $[CuCl_5]^{3-}$ など	sp^3d
6	正八面体型		SF_6, $[Ni(H_2O)_6]^{2+}$ など $[Co(NH_3)_6]^{3+}$, $[Fe(CN)_6]^{3-}$ など	sp^3d^2 d^2sp^3

うに結合しているので低スピン型配位とも呼ばれる．$[Co(NH_3)_6]^{3+}$，$[Ni(CN)_4]^{2-}$ なども内部軌道配位である．なお，表 6.1 に代表的な共有結合，配位結合した化合物の配位数，分子の型，混成の種類，立体構造をまとめて示した．

6.3 結晶場理論と磁気的性質

6.3.1 八面体型6配位における結晶場理論

結晶場理論（crystal field theory）とは錯体の中心原子となる遷移金属を陽イオンとみなし，これが点電荷と仮定した負イオンの配位子，または，孤立電子対をもった中性の配位子（たとえば，NH_3 のような中性分子の場合には分子の双極子の負側が金属イオンに向く）に取りまかれていると考える理論である．この理論に基づき，金属配位化合物の「色」や「磁性」を明らかにすることができた．

金属イオンに対して6方向から結合（6配位）する錯体について考

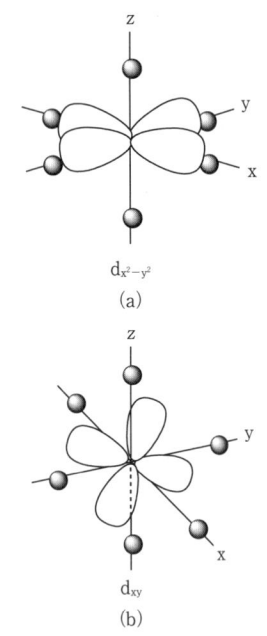

図 6.11 6 個の配位子と $d_{x^2-y^2}$ (a)および d_{xy} 軌道(b)の空間的配置

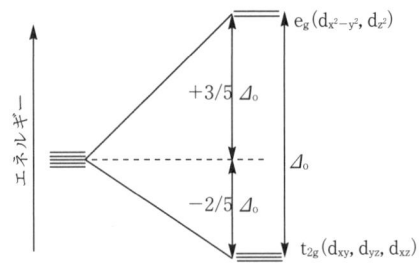

図 6.12 八面体配位による d 軌道の分裂

える。たとえば，x, y, z, −x, −y, −z 軸方向から近づいた 6 個の配位子と d 軌道の位置関係を図 6.11 に示す。

球対称の負電荷に囲まれた金属イオンでは d 軌道は五重に縮退したままなので，エネルギー差はない。しかし，x, y 軸方向に広がる $d_{x^2-y^2}$ 軌道は，同じく x, y 軸方向から近づく配位子の電子対の反発を受けて，エネルギーは高くなる。また，z 軸方向に広がる d_{z^2} 軌道も同様に z 軸から近づく配位子の反発が大きい（図 6.11(a)）。

一方，d_{xy} 軌道は x 軸と y 軸の中間に広がるので，配位子との反発が小さい（図 6.11(b)）。この状況は d_{yz}，d_{zx} も同様に考えることができる。それゆえ，八面体結晶場では，d 軌道が 2 種の異なるエネルギー準位に分裂することになる（図 6.12）。

a. 結晶場分裂エネルギーの大きさ

対称の性質から，エネルギーの高い 2 つの軌道を e_g 軌道，エネルギーの低い 3 つの軌道を t_{2g} 軌道という（図 6.12）。軌道エネルギーの分裂を結晶場（配位子場）効果といい，e_g と t_{2g} 軌道とのエネルギー差を八面体配位による**結晶場分裂エネルギー**（crystal field splitting energy）Δ_o（o は octahedral（八面体）の略）という。強い結晶場のとき分裂エネルギーは大きく，弱い結晶場のとき分裂エネルギーは小さい。たとえば，配位子 H_2O の結晶場は弱く，CN^- のそれは強い。この Δ_o の値は配位化合物の色，磁気的性質に直接関与してくる。金属元素が同じ場合において，配位子の種類と結晶場の強さは経験的に整理されており，**分光化学系列**（spectrochemical series）と呼ばれる。図 6.13 におもな配位子の分光化学系列をまとめた。

分裂した 2 つのエネルギー準位の荷重平均をエネルギーのゼロ準位とすると，e_g 軌道は $(3/5)\Delta_o$ だけゼロ準位より高く，t_{2g} 軌道は

$I^- < Cl^- < F^- < OH^- \sim O^{2-} < H_2O < SCN^- < NH_3 < en^* < NO_2^- < CN^- < CO$

← 弱い結晶場　　　　　　　　　　　　　　　強い結晶場 →
← 小さい Δ_o　　　　　　　　　　　　　　大きい Δ_o →
← より長い波長 λ　　　　　　　　　　より短い波長 λ →

図 6.13 分光化学系列（*エチレンジアミン）

$(2/5)\Delta_0$ だけ低くなる（図 6.12）．電子はエネルギーの低い t_{2g} 軌道から埋まっていくので，t_{2g} 軌道の電子数と e_g 軌道の電子数の差だけエネルギーは低下する．このような結晶場分裂による安定化は**結晶（配位子）場安定化エネルギー**（crystal field stabilization energy：CFSE）と呼ばれている．この t_{2g} と e_g 準位間のエネルギー差 Δ_0 は配位化合物の可視吸収スペクトルから容易に求めることができる．

配位化合物の多彩な色は錯体イオンの e_g と t_{2g} 軌道間のエネルギー差（Δ_0）で決定される．具体的な例として，3d 軌道に 1 個の電子をもつ金属イオン $[Ti(H_2O)_6]^{3+}$ について考える．この錯体の電子は 3 つの t_{2g} 軌道のうちのいずれかに入るので，ゼロエネルギー準位より $(2/5)\Delta_0$ だけエネルギーは下がり，安定化する．この配位化合物に可視光線を当てると分裂エネルギーに相当する波数（エネルギー）の光（青，緑と黄色）を吸収し，電子が t_{2g} 準位から e_g 準位に励起する．吸収された光の余色（赤と紫）が残るので，溶液の色は赤紫に見える．吸収帯の波長（吸収された色）と見えている色との関係を表 6.2 に示す．また，$[Ti(H_2O)_6]^{3+}$ の可視吸収スペクトルを図 6.14 に示す．

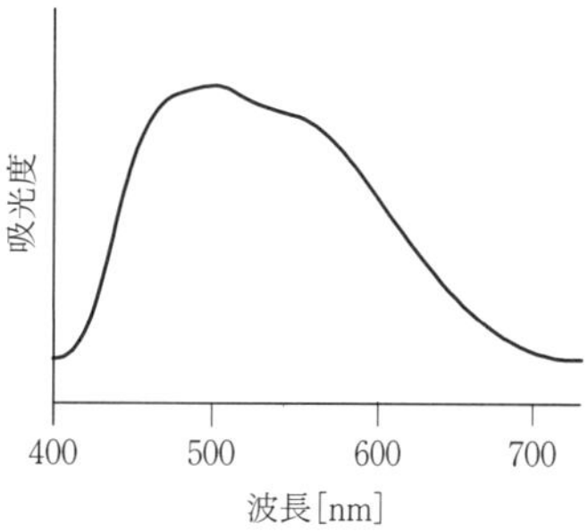

t_{2g} 準位から e_g 準位への遷移による吸収は最大吸収波長が 493 nm（20300 cm^{-1}）の幅広いピークとなっている．1 kJ mol^{-1} = 83.5 cm^{-1} なので $[Ti(H_2O)_6]^{3+}$ の Δ_0 値は 243 kJ mol^{-1} になる．この値は，通常の Cl-Cl 単結合（243 kJ mol^{-1}）のエネルギーに匹敵している．CFSE はこの場合 $-(2/5) \times 243 = -97$ kJ mol^{-1} になる．

八面体型 6 配位配位化合物の Δ_0 の大きさは，配位子以外に金属イオンの酸化状態や周期性によっても影響を受ける．

金属イオンの酸化数が増すにつれ，Δ_0 値の大きさも増える傾向にある．M^{3+} 錯体は，M^{2+} 錯体のおよそ 2 倍の Δ_0 値をもつ．この値の相違は 6 水和（6 H$_2$O）錯体の色に反映している（表 6.3）．たとえば

図 6.14 $[Ti(H_2O)_6]^{3+}$ の可視吸収スペクトル

表 6.2 吸収帯の波長と色

吸収された波長と色		見えている色
<400 nm	紫外部	無色
400〜420	紫	黄緑
420〜500	藍, 青	黄, 黄赤
500〜530	青緑	赤
	緑	赤紫
530〜590	黄緑	紫
	黄	藍
590〜640	黄赤	青
640〜720	赤	青緑
720〜800	暗赤	緑
>800	赤外部	無色

表 6.3 M^{2+} と M^{3+} の 6 水和 ($6H_2O$) 配位錯体の Δ_o の大きさ

		Ti	V	Cr	Mn	Fe	Co	Ni	Cu
M^{2+}	電子配置	d^2	d^3	d^4	d^5	d^6	d^7	d^8	d^9
	Δ_o [cm^{-1}]	—	12 600	13 900	7 800	10 400	9 300	8 500	12 600
	[kJ mol^{-1}]	—	151	166	93	124	111	102	151
M^{3+}	電子配置	d^1	d^2	d^3	d^4	d^5	d^6	d^7	d^8
	Δ_o [cm^{-1}]	20 300	17 700	17 400	21 000	13 700	—	—	—
	[kJ mol^{-1}]	243	211	208	251	164	—	—	—

V^{2+} の $[V(H_2O)_6]^{2+}$ は紫 (Δ_o=12 600 cm^{-1}), V^{3+} の $[V(H_2O)_6]^{3+}$ は黄色 (Δ_o=17 700 cm^{-1}) である.

一方, 同じアンミン錯体の $[Co(NH_3)_6]^{3+}$, $[Rh(NH_3)_6]^{3+}$, および $[Ir(NH_3)_6]^{3+}$ の Δ_o 値を比較すると, それぞれ 23 000 cm^{-1}(275 kJ mol^{-1}), 34 000 cm^{-1}(406 kJ mol^{-1}) と 41 000 cm^{-1}(490 kJ mol^{-1}) であり, Δ_o 値は周期表の下の方の遷移元素ほど大きくなる傾向がある.

b. 高スピンと低スピン構造

今まで錯体の「色」の説明のために用いた結晶場理論を配位化合物の電子配置の説明に応用する. d 軌道の分裂は d 軌道の不対電子の数を変化させ, 結果として磁気的性質に影響する. たとえば, 電子配置が $3d^2$ の V^{3+} イオンでは, 不対電子が最も多い電子配置が最も安定であるというフントの規則 (2.1 節参照) にしたがって, t_{2g} 軌道に 1 個ずつ電子が入る. それゆえ, V^{3+} の CFSE は $2\times(-(2/5)\Delta_o)=-0.8\Delta_o$ となる. 同様に, $3d^3$ の Cr^{3+} の CFSE は $3\times(-(2/5)\Delta_o)=-1.2\Delta_o$ である. d 軌道に 4 個以上の電子が存在する場合は, 配位子の結晶場が弱いか強いかで電子配列に違いが生じる. たとえば, 弱い結晶場中の Cr^{2+} の場合, 電子配列は $(t_{2g})^3(e_g)^1$ で不対電子は 4 個となり, CFSE は $3\times(-(2/5)\Delta_o)+(3/5)\Delta_o=-0.6\Delta_o$ である. 一方, 結晶場が強い場合, $(t_{2g})^4$ で不対電子は 2 個となり, CFSE は $4\times(-(2/5)\Delta_o)=-1.6\Delta_o$ と算出される. このように, 2 種の配置で不対電子の数が異なり, 不対電子数が多い方を **高スピン**, 他方を **低ス**

■ 参考:光の波数とエネルギーの関係

光のエネルギー E [J mol^{-1}] は振動数 ν [s^{-1}], 波長 λ [m] や波数 $\bar{\nu}$ [m^{-1}] と以下のように関係づけられている (式 (1.3) 参照).

$$E=N_A h\nu=N_A hc/\lambda=N_A hc\bar{\nu}$$

ここで, N_A, h および c はそれぞれアボガドロ定数, プランク定数, 光速度である. それゆえ,

$$E \text{ [J mol}^{-1}\text{]}=6.022\times10^{23}\times6.626\times10^{-34}\times3.00\times10^8\times\bar{\nu}\text{ [m}^{-1}\text{]}$$

$$E \text{ [J mol}^{-1}\text{]}=0.1197\,\bar{\nu}\text{ [m}^{-1}\text{]}$$

したがって, 1 m^{-1}=0.1197 J mol^{-1}, あるいは 1 J mol^{-1}=8.353 m^{-1} となる. ここで, 波長が 493 nm のとき, $\bar{\nu}$ は 2.028×10^6 m^{-1} であるから, Δ_o 値は 243 kJ mol^{-1} が得られる. また, このような中心金属イオンの d 軌道間の電子遷移は **d–d 遷移** と呼ばれている.

表 6.4 八面体型配位の CFSE と電子配置

d電子数	イオンの例	高スピン型		CFSE	低スピン型		CFSE
		t_{2g}	e_g		t_{2g}	e_g	
1	Ti^{3+}	↑		$-0.4\Delta_o$			
2	V^{3+}	↑ ↑		$-0.8\Delta_o$			
3	Cr^{3+}	↑ ↑ ↑		$-1.2\Delta_o$			
4	Cr^{2+}, Mn^{3+}	↑ ↑ ↑	↑	$-0.6\Delta_o$	↑↓ ↑ ↑		$-1.6\Delta_o$
5	Mn^{2+}, Fe^{3+}	↑ ↑ ↑	↑ ↑	0	↑↓ ↑↓ ↑		$-2.0\Delta_o$
6	Fe^{2+}, Co^{3+}	↑↓ ↑ ↑	↑ ↑	$-0.4\Delta_o$	↑↓ ↑↓ ↑↓		$-2.4\Delta_o$
7	Co^{2+}, Ni^{3+}	↑↓ ↑↓ ↑	↑ ↑	$-0.8\Delta_o$	↑↓ ↑↓ ↑↓	↑	$-1.8\Delta_o$
8	Ni^{2+}	↑↓ ↑↓ ↑↓	↑ ↑	$-1.2\Delta_o$			
9	Cu^{2+}	↑↓ ↑↓ ↑↓	↑↓ ↑	$-0.6\Delta_o$			

ピン電子配置と呼ぶ．この様子を図 6.15 に示す．

ある配位がどちらの電子配置になるかは，d 軌道の分裂エネルギー Δ_o と t_{2g} 準位で電子を対にするエネルギー（**電子対形成エネルギー**（electron pairing energy））の大小で決まる．たとえば，H_2O のような弱い配位子では，電子対形成エネルギーよりも分裂エネルギー Δ_o は小さいため，t_{2g} 軌道で電子対をつくるより e_g 準位に昇位する方がエネルギー上有利なので，高スピン配置になりやすい．反対に，CN^- のような強い配位子の Δ_o は大きいため，電子対形成エネルギーが低くなるので，低スピン配置になりやすい．それゆえ，d^4〜d^7 では高スピンと低スピンの 2 通りの電子配置が生じる．すなわち，弱い結晶場では高スピン配置になり，強い結晶場の配位では低スピン配置となる．以上のことを CFSE とともに表 6.4 に要約した．

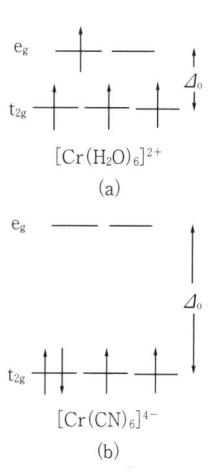

図 6.15 電子配置が $3d^4$ の高スピン(a)，低スピン(b)錯体

6.3.2 4配位における結晶場理論

a. 四面体型配位

四面体型錯体は立方体の 8 頂点のうち 4 つを配位子が占め，その中心に金属イオンが存在すると考えられる．x, y, z 軸を立方体の面に垂直にとると，e 軌道（四面体型錯体には対称心がないので添字の g をつけない）は x, y, z 軸に沿っており，t_2 軌道は x, y, z 軸の中間に広がっている（図 6.16）．

この場合，八面体型錯体とは逆に，e 軌道（$d_{x^2-y^2}$, d_{z^2}）の方が，t_2 軌道（d_{xy}, d_{yz}, d_{zx}）よりも配位子からの反発が小さいため，エネルギーは低くなる．すなわち，2 つの軌道の荷重平均を基準として t_2 軌道エネルギーは $+(2/5)\Delta_t$ (t は tetrahedral（四面体）の略) だけ高く，e 軌道は $-(3/5)\Delta_t$ だけ平均より低くなる（図 6.18）．

一般に四面体型錯体の結晶場分裂の大きさ Δ_t は，八面体配位と比べて，配位数が 6 から 4 に減少したため，結晶場の強さは 2/3 になり，かつ配位に関与する軌道と配位子との重なりがほぼ 2/3 に減少す

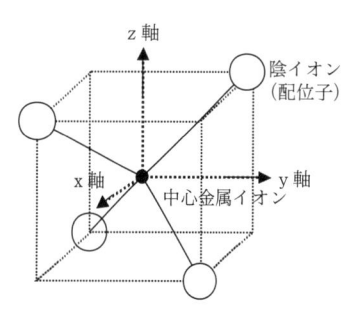

図 6.16 四面体型配位の配置

■ 参考：四面体配位における配位子とd軌道の関係

図6.17に示すように四面体型配位は配位子が立方体の8つの頂点のうち4つを占めており、その中心の位置に金属イオンが存在すると考えられる。ここでたとえば、e軌道に属するd_{z^2}軌道と配位子の関係を検討する。図6.17(a)に示したように、d_{z^2}軌道と中心金属と配位子の角度は、四面体角の半分$(109°28')/2=54°44'$である。一方、t_2軌道に属するd_{xy}軌道と配位子との角は$(180-109°28')/2=35°16'$である（図6.17(b)）。それゆえ、t_2軌道の方がe軌道よりも配位子の方に近い。ゆえに、四面体型配位での結晶場の分裂は八面体型配位と反対に、e軌道が低下し、t_2軌道が高くなる。

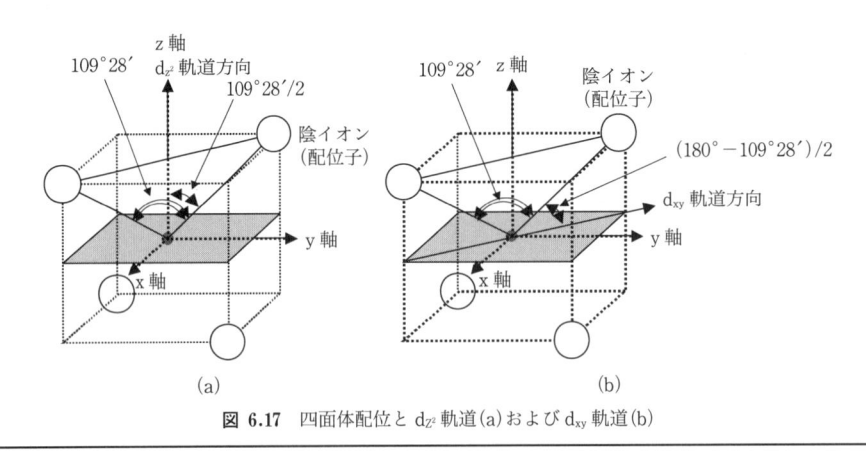

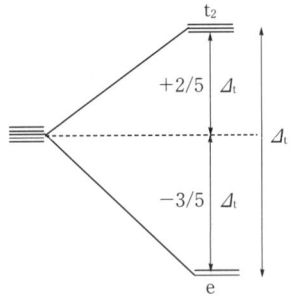

図6.17 四面体配位とd_{z^2}軌道(a)およびd_{xy}軌道(b)

図6.18 四面体場におけるd軌道のエネルギー準位

るので、d軌道の分裂の大きさはおおむねΔ_0の4/9になる。このため、すべての四面体型配位は高スピン型になる。四面体型配位は遷移金属の塩化物、臭化物、ヨウ化物などに多く見られる。

b. 平面四配位

結晶場理論では平面四配位化合物を新しい型の配位とは考えずに、単に6配位8面体のうち2つのz軸方向の配位子が大きく離れた構造と考える。z軸方向の配位子が遠ざかるにつれて、z軸方向の相互作用が弱くなるため、d_{z^2}のエネルギーが大きく減少し、d_{xz}とd_{yz}のエネルギーもまた減少する。一方、xy面内にあるd_{xy}と$d_{x^2-y^2}$の2つのd軌道は配位子との強い相互作用が残るが、特に$d_{x^2-y^2}$軌道は軸上に広がっているので、反発が大きく、そのエネルギーは最も高い。こうして、4つの配位子のみが金属と結合した平面正方型の配位化合物ができる。

図6.19にひずんだ八面体配位を経由して、平面四配位をとるときのエネルギー準位の変化を示した。

d^8電子配置をもち、分光化学系列中で高位（CN^-など）にある配位子をもつ金属イオンは平面正方型配位になりやすい。また、低スピン配位をよりつくりやすい重い方の金属は、ハロゲン配位子と平面正方型錯体をつくる。代表的な低スピンの平面正方型配位には、すべてd^8イオンである$[Ni(CN)_4]^{2-}$, $[Pd(Cl)_4]^{2-}$, $[Pt(Cl)_4]^{2-}$, $[Au(Cl)_4]^-$, $[Pt(NH_3)_4]^{2+}$が知られている。

一方，d^4やd^9の電子配置の場合，図6.19(b)から明らかなように，正八面体配位より，ひずんだ八面体の方がエネルギー的に安定になる．この効果は実際，$[CuCl_6]^{4-}$においてヤン（H. A. Jahn）とテラー（E. Teller）によって1937年に初めて見いだされたことから，**ヤン・テラー効果**と呼ばれている．

以上のように，結晶場理論は点電荷モデルに基づいた静電的効果のみを考慮することにより，錯体の構造や「色」についてうまく説明できた．しかし，カルボニル錯体である$Cr^0(CO)_6$の場合，CrもCOも電荷をまったくもたないため，点電荷モデルによる静電的効果では説明できない．これを理解するには共有結合性を考慮した配位子場理論を適用しなければならない．

6.3.3 磁性の起源と磁性材料への展開

磁石と人間のかかわりは有史以前から始まっており，現在われわれの周りに，家電製品から交通機関，そして磁気カード，テープの類に至るまで多くの磁性物質が利用されている．

磁石に対する科学的考察は，ギルバート（W. Gilbert）の *de Magnete*（1600年）に始まり，世紀を経るごとに多くの磁性を示す物質が見いだされたが，その本質を解明するためには，量子化学の誕生を待たなければならなかった．物質の磁性の起因は，ディラックの「相対性量子力学」（1928年）によって裏づけられた電子スピンの存在に由来する．その後の量子力学の発展により，固体内の電子状態が明らかにされるとともに，物質の示す多岐・多様な磁気的性質が次々に解明されている．本項では，簡単な結晶場理論により化合物の磁気的性質を明らかにする．

物質を磁性によって分類すると，**反磁性**（diamagnetism）物質と**常磁性**（paramagnetism）物質とに大きく分けることができる．反磁性物質は，磁場の中においたとき，その磁場と反対方向に磁化され，常磁性物質では磁場の方向に磁化される．また常磁性の特殊な場合といえるものに**強磁性**（ferromagnetism），**反強磁性**（antiferromagnetism），**フェリ磁性**（ferrimagnetism）などが知られている．一般に有機化合物や，非金属元素の共有性分子，非遷移金属の塩類などは反磁性物質であり，有機化合物でも遊離基，また非金属元素の化合物で不対電子をもつO_2，NO，ClO_2など，さらに遷移元素の化合物の多くは常磁性物質を示す．金属錯体が反磁性であるか，常磁性であるかは，dやf軌道における電子配置によって決まる．これはd軌道より低位のp軌道まではすべて電子が詰まっていて，不対電子が存在しないからである．

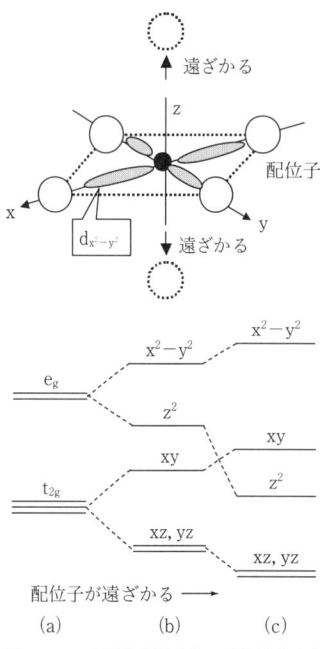

図 6.19 八面体配位(a)が正方対称(b)を経て最終的に平面四配位(c)へと変形していく様子

八面体型配位における結晶場理論による CFSE の電子配置（表 6.4）に要約したように，高スピン配位と低スピン配位の d^1 から d^9 イオンの基底状態での電子配置から，各種配位での磁化率との対応がつけられる．

化合物中に不対電子が存在すると，電子のスピンと角運動量から磁気モーメントが生じる．物質が磁場 H の作用で，I の強さに磁化されたとき，$\chi = I/H$ で定義される χ をその物質の**磁化率**（susceptibility）という．また，遷移金属イオンにおける**磁気モーメント**（magnetic moment）は以下のように与えられる．

$$\mu_{S+L} = \mu_B \times g\sqrt{S(S+1) + L(L+1)/4} \tag{6.2}$$

ここで，μ_B はボーア磁子（1.6 節参照），g は磁気回転比で，軌道による磁気モーメントの場合は 1，スピンによる磁気モーメントの場合は 2.00023 である．また，S はスピン量子数の和，L は軌道角運動量子数の和を示す．ところで，量子論の議論から，遷移元素に配位した配位子の結晶場によって d 軌道が分裂し，縮退がとけると，縮退時に制限されていた電子の回転方向が任意になるため，軌道角運動量が消滅することが知られている．したがって，観測される磁気モーメントは不対電子によるスピンのみに起因することになる．すなわち，式 (6.2) において $L=0$ とおくと，スピンの磁気モーメント μ_S は

$$\mu_S = \mu_B \times g\sqrt{S(S+1)} \tag{6.3}$$

で与えられる．スピンのみのとき，g は 2.00023 であるが通常 2 とすると，磁気モーメント μ_S は

$$\mu_S = \mu_B \times 2\sqrt{S(S+1)} = \mu_B \times \sqrt{4S(S+1)} \tag{6.4}$$

になる．S は不対電子のスピン磁気量子数の和であるので，d 軌道に n 個の不対電子が存在する場合，$S = n \times (1/2) = n/2$ となる．それゆえ，

$$\mu_S = \mu_B \times \sqrt{n(n+2)} \tag{6.5}$$

となる．したがって，$n=1$ のとき $\mu_S = 1.73\,\mu_B$，$n=2$ では $\mu_S = 2.83\,\mu_B$，$n=3$ では $\mu_S = 3.87\,\mu_B$，$n=4$ では $\mu_S = 4.90\,\mu_B$，$n=5$ では $\mu_S = 5.92\,\mu_B$ となる．第 4 周期遷移金属元素の化合物では常磁性磁気モーメントはスピンだけの式から予想される値にきわめて近い（表 6.5）．d 軌道の電子が半分以下のときには（3d 電子数が少ない場合），観測値は計算値 μ_S とほぼ一致しているが，d 殻が半分以上満たされているときには（3d 電子数が多い場合は）μ_S よりかなり観測値が大きくなる．これは L の寄与が無視できなくなってきていることによる．

磁気モーメントを有する原子，分子またはイオンを結晶化させたとき，おもに交換相互作用が磁気モーメント間に働いて，結晶は特徴的

表 6.5 磁気モーメントの計算値と観測値

イオン	3d 電子	n	μ_S/μ_B	観測値/μ_B
Sc^{3+}, Ti^{4+}	0	0	0.00	0.00
V^{4+}, Ti^{3+}	1	1	1.73	1.7〜1.8
V^{3+}	2	2	2.83	2.7〜2.9
Cr^{3+}, V^{2+}	3	3	3.87	3.7〜3.9
Cr^{2+}, Mn^{3+}	4	4	4.90	4.8〜4.9
Mn^{2+}, Fe^{3+}	5	5	5.92	5.7〜6.0
Fe^{2+}, Co^{3+}	6	4	4.90	5.0〜5.6
Co^{2+}	7	3	3.88	4.3〜5.2
Ni^{2+}	8	2	2.83	2.0〜3.5
Cu^{2+}	9	1	1.73	1.8〜2.7
Cu^+, Zn^{2+}	10	0	0.00	0.00

な磁気的性質を示す．しかもその性質は温度によって変化する．以下に代表的な磁気的性質について説明する．

a. 強磁性（ferromagnetism）

磁気モーメントの間に正の交換相互作用が働くと，それぞれのモーメントが互いに平行に配列して強い自発磁化を示す．これを強磁性という（図 6.20）．強磁性は温度の上昇とともに熱振動の撹乱によって減少し，**キュリー温度**（Curie temperature：T_C）で消失する．T_C 以上では b. で述べる常磁性を示す．

強磁性を示す金属（T_C の値）として Fe(1043 K)，Co(1388 K)，および Ni(631 K) がよく知られている．希土類金属では Gd(298 K)，Tb(218 K)，Dy(90 K) などが強磁性である．酸化物では CrO_2，$(Eu_{1-x}Gd_x)_2O_3$ が強磁性体として知られている．最近ではより強力な永久磁石の開発がなされ，Nd-Fe-B が話題を呼んでいる．

b. 常磁性（paramagnetism）

結晶格子点上のスピン磁気モーメントが空間的に乱雑な方向を向いている状態を常磁性という（図 6.21）．磁場によって磁場方向に $\chi = 10^{-5} \sim 10^{-2}$ 程度の磁化率を示す．不対電子をもつ物質（金属イオンや有機ラジカル）や Au-Fe 合金などがある．

c. 反強磁性（antiferromagnetism）

結晶内で隣り合った磁気モーメントが負の交換相互作用をもつために反平行に配列して，互いに打ち消し合っている場合を反強磁性という（図 6.22）．

反強磁性を示す物質はイオン性結晶，分子性結晶に多く見られる．酸化物の例としては MnO，Cr_2O_3，硫化物の代表例としては FeS，塩化物では $FeCl_2$ などがある．有機物フリーラジカルや配位化合物にも反強磁性を示すものが多い．

d. フェリ磁性（ferrimagnetism）

結晶中に磁気モーメントの異なる 2 種の原子（イオン）が存在し，

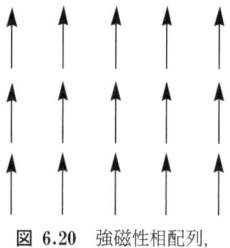

図 6.20 強磁性相配列，矢印はスピン

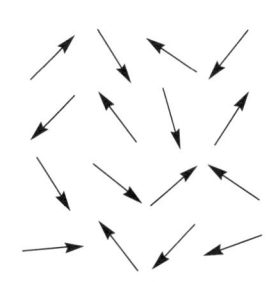

図 6.21 常磁性相における磁気モーメントの振る舞い

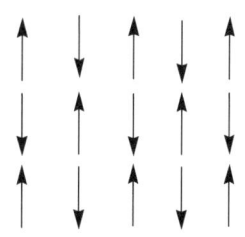

図 6.22 反強磁性相における磁気モーメントの配列

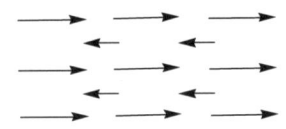

図 6.23 フェリ磁性相における磁気モーメントの配列

モーメントの向きが負の交換相互作用によって2つの部分格子に属する原子（イオン）の数または全磁気モーメントが異なるために，強磁性のように自発磁化を示すとき，これをフェリ磁性と呼ぶ（図6.23）．強磁性および反強磁性の性格を兼ね備えている．応用面で重要なフェライト（$NiFe_2O_4$），鉄ガーネット（$Y_3Fe_5O_{12}$）のような酸化物がフェリ磁性を示す．フェリ磁性材料は小型永久磁石，フェライトコア，磁気バブル記憶素子，高周波磁性材料などに応用されている．

今後の磁性材料への展開として，

1) 強磁性体に高磁場を印加することによる合金相を調整することでユニークな材料，たとえば窒化鉄 $Fe_{16}N_2$ 相の生成など先進的な研究が行われている．

2) 金属配位化合物を用いることによって一次元〜三次元ネットワークを構築し，金属上に確実にスピンをもたせることができる分子磁性体を設計することによって，ナノテクノロジーと密接に関係した次世代磁性材料開発の研究が行われている．たとえば Cu^{2+}（$s=1/2$）と Mn^{2+}（$s=5/2$）二核配位化合物の結晶間に交互に並んだそれぞれ強度の異なった逆向きのスピンを与えることによって，強磁性配位化合物が合成されている．

【例題1】 遷移金属イオンである Mn^{2+}，Co^{2+} が正八面体型配位を形成したとき，高スピン状態と低スピン状態をd軌道分裂エネルギー準位図で示し，磁気モーメントを計算せよ．またそれぞれの場合における配位子場安定化エネルギーを八面体型結晶場の分裂エネルギー Δ_o を用いて表せ．

[解] Mn^{2+}：$3d^5$

$3d^5$ の高スピン状態　　　　　$3d^5$ の低スピン状態

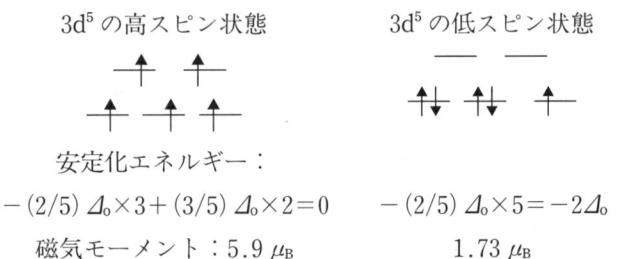

安定化エネルギー：

$-(2/5)\Delta_o \times 3 + (3/5)\Delta_o \times 2 = 0$ 　　$-(2/5)\Delta_o \times 5 = -2\Delta_o$

磁気モーメント：5.9 μ_B 　　　　　　1.73 μ_B

Co^{2+} : 3d^7

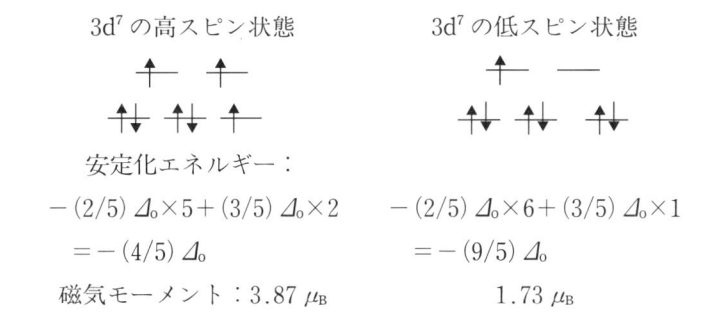

3d^{7}の高スピン状態 　　　　　3d^{7}の低スピン状態

安定化エネルギー：

$-(2/5)\Delta_o \times 5 + (3/5)\Delta_o \times 2$　　$-(2/5)\Delta_o \times 6 + (3/5)\Delta_o \times 1$

$= -(4/5)\Delta_o$　　　　　　　$= -(9/5)\Delta_o$

磁気モーメント：3.87 μ_B　　　　　1.73 μ_B

【演習問題】

1． それぞれの異性体を区別する実験方法を記せ．
1) $[CoCl(NH_3)_5]SO_4$ と $[Co(SO_4)(NH_3)_5]Cl$
2) $[Co(NO_2)_3(NH_3)_3]$ と $[Co(NH_3)_6][Co(NO_2)_6]$

2． 配位原子の数が同じであれば，単座配位子の配位した化合物より，多座配位子が配位した化合物の方が安定なのはなぜか．

3． $CoCl_3 \cdot 6NH_3$，$CoCl_3 \cdot 5NH_3$，$CoCl_3 \cdot 4NH_3$ の組成をもつ一連のコバルト錯体の色は，アンモニアの数に応じて黄色，紫，緑と変化する．分光化学系列から色の違いを説明せよ．

4． 次の配位分子の混成軌道と分子の型を述べ，磁気モーメントを計算せよ．
1) $[ZnCl_4]^{2-}$　2) $[Cu(CN)_4]^{3-}$　3) $[CoF_6]^{3-}$　4) $[Fe(CN)_6]^{3-}$
5) $[FeF_6]^{3-}$　6) $[Fe(CN)_6]^{4-}$

5． ここに+2価あるいは+3価のFeイオンがある．磁気モーメントを測定したところ 4.90 μ_B であった．Feイオンが正八面体型の結晶場にあるとして，このイオンはどのような電子配置であるといえるか．+2価あるいは+3価のFeイオンで考えられる，それぞれの高スピン型配置と低スピン型配置を図示し，それぞれのイオンにおける安定化エネルギー Δ_o と磁気モーメントも示せ．

6． $[Fe(H_2O)_6]^{2+}$ は常磁性体であるが，$[Fe(CN)_6]^{4-}$ は反磁性体である．この理由を電子配置図で示して説明せよ．ただし，$[Fe(H_2O)_6]^{2+}$，$[Fe(CN)_6]^{4-}$ の Δ_o はそれぞれ 10400 cm^{-1} および 33000 cm^{-1} で，スピン対形成エネルギー（B）は 17600 cm^{-1} である．

7． 酢酸銅は二量体構造をもち，銅原子間に反強磁性的相互作用がある．このことは磁気モーメントにどのような効果を及ぼすか．

7 金属結合と電気伝導

物質にはよく電気を通すもの（良導体），まったく電気を通さないもの（絶縁体），ある程度電気を通すもの（半導体）など種々存在するが，これらの違いは化学結合の差に起因する場合が多い．一方，現代はエレクトロニクス時代といわれるようにコンピュータをはじめ，非常に多くの電子デバイスが開発され，とどまるところを知らない．本章では，金属結合をどう理解するのか，なぜ電気伝導の違いが現れるのかなどについて，すでに前章までに学んだ分子軌道の考え方を金属に拡張することによって金属結合を理解するとともに，半導性発現の基礎理論を学ぶことにより，それらの応用に関する原理を理解することを目的とする．

7.1 金属結合の特徴

一般に金属原子の原子半径は比較的大きく，外殻電子（価電子）は満たされた内部軌道によって遮へいされているので，これらの金属は価電子を容易に失うことができる．金属結合とは共有結合とは異なる方法でこの価電子を互いに共有した結合といえる．金属結合の最も簡単なモデルは，すべての金属原子の価電子が均一に分布して電子の「海」を形成し，その中に金属のコアが存在する状態と理解されている．したがって，この価電子は自由に動くことができ，**自由電子**（free electron）とも呼ばれ，金属が示す種々の特性の根源ともなっている．金属固体の一般的特性を以下に示す．

1) 高い電気伝導性
2) 高い熱伝導性
3) 金属光沢
4) 大きな引っ張り強度
5) 大きな延展性

また，金属の融点や硬度は広い範囲にわたっているが，これは結晶構造の充填率や結合に用いられる価電子と密接に関係している．たとえばアルカリ土類金属（2族）はアルカリ金属よりも硬く，高い融点をもっているが，それはアルカリ土類金属の結晶が最密充填構造で，

2倍の価電子をもっているためである．

以下で金属や半導体の最も重要な特性である電気伝導のメカニズムや応用について考える．

7.2 金属の電気伝導機構

金属の結合を理解するために，金属イオンが非局在化した価電子の海に浸かっているモデルを考えた．しかし，このモデルは直感的には理解しやすいが，金属的伝導や半導体的伝導などの電気伝導機構を定量的に議論することができない．そこで，量子力学から生まれた分子軌道を金属にまで拡張した**バンド理論**（band theory）と呼ばれる理論について学ぶことにする．

分子軌道法では，2つの原子が二原子分子を形成するとき，原子軌道と同数の分子軌道を形成すると考えた．バンド理論に基づいてLi金属を考える．2つのLi原子が接近すると2つの原子軌道から，結合性軌道と反結合性軌道の2つの分子軌道ができる．最外殻に1個の電子をもつLiが二原子分子を形成すると，計2個の電子が結合軌道に入る．原子数が3つになると，結合性軌道，非結合軌道，反結合性軌道の3つの分子軌道ができる．さらに，非常に多数の原子を意味するn個のLiが集まると，n個の分子軌道ができ，その半分の軌道は電子によって満たされる．このとき多数の分子軌道が形成され，そのエネルギー間隔は非常に狭いためバンド状になり，その半分まで電子が満たされた状況と考えることができる．図7.1にLi原子が集合したときの分子軌道の変化を示した．

図7.1において，電子の詰まったバンドを**価電子帯**（valence band），空のバンドを**伝導帯**（conduction band）と呼んでいる．金属においてはこの価電子帯と伝導帯が連続しているので，外部からのごくわずかなエネルギーが供給された場合でも，電子は詰まった価電子帯から伝導帯にジャンプし，金属の中を自由に動き回ることができるため，電気伝導性に優れる性質を有することになる．

同様の議論に基づくと，$(1s)^2(2s)^2$の電子配置をもつBe金属は2s軌道からの結合軌道も反結合軌道も完全に満たされることになり，伝導性を示さないはずである．しかし，Be原子が多数結合したとき，s軌道からの帯とp軌道からのバンドが重なる．このため2pバンドのある部分は電子で満たされ，2sバンドの一部は空になる．それゆえ電子は伝導帯に入ることができ，結晶全体を動き回ることができ，電気伝導度が高い金属として振る舞うと理解される．この様子を図7.2に示す．

図 7.1 Li原子におけるバンドの形成

図 7.2 Beにおけるバンド構造

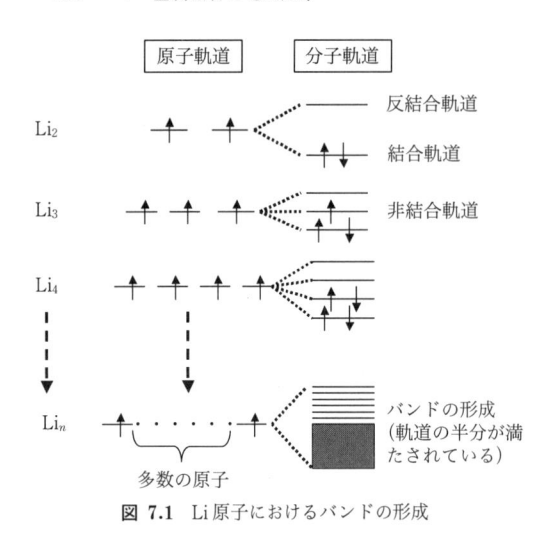

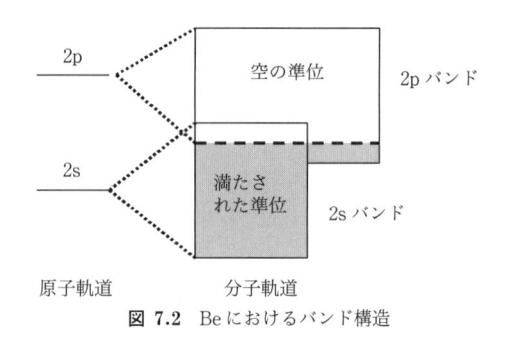

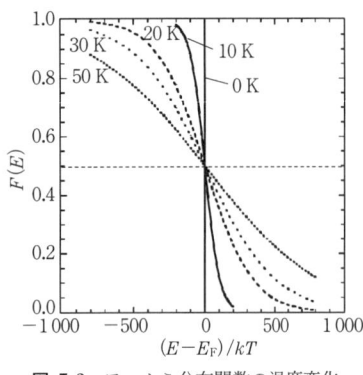

図 7.3 フェルミ分布関数の温度変化

　このように，金属では価電子帯と伝導帯の間にギャップが存在しないため，電子はわずかな電場で容易に流れることができる．しかし温度が高くなるにつれ，原子の熱振動が激しくなり，電子の動きを妨げる結果，金属の電気伝導度はむしろ低下する．

　絶対温度零度0Kでは，電子はすべて価電子帯に存在し，伝導帯は空の状態である．この価電子帯と伝導帯の境を**フェルミ準位**(Fermi level) と呼ぶ．0Kでフェルミ準位以下にあった電子は，熱エネルギーが与えられると，ある割合でフェルミ準位以上のエネルギー準位に移る．このとき，あるエネルギー準位Eに存在する電子の占有率$F(E)$は次式で示される**フェルミ分布**にしたがう．

$$F(E) = \frac{1}{1+\exp[(E-E_\mathrm{F})/kT]} \tag{7.1}$$

ここで，Eは電子のエネルギー準位，E_Fはフェルミ準位，kはボルツマン定数，Tは絶対温度である．図7.3に種々の温度でのフェルミ分布関数を示す．

7.3 半導体と絶縁体

　代表的な半導体であるSiについて検討する．共有結合からなるSiの価電子の電子配置は$(3s)^2(3p)^2$となっており，4つのsp^3混成軌道を形成している．このSiが2原子集まると，4つの結合軌道と4つの反結合軌道を生じ，結合軌道には8つの電子が満たされるが，反結合軌道は空のままである．Si原子が多数になるとそれぞれの軌道はバンドを形成する．この結合軌道バンドが価電子帯で，反結合軌道が伝導帯となる．金属の場合と異なる点は，この価電子帯と伝導帯の間

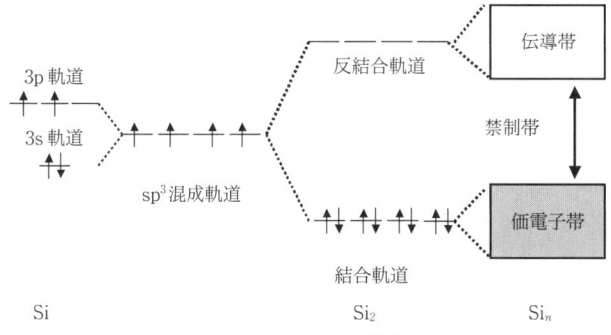

図 7.4 Si におけるバンド構造の形成

に，電子がとどまることのできない**禁制帯**（forbidden band）と呼ばれる領域が存在することである．このエネルギーギャップは**バンドギャップ**（band gap）と呼ばれている（図 7.4）．たとえば，Si のバンドギャップは 106 kJ mol^{-1} で，Ge のそれは 64.6 kJ mol^{-1} である．それゆえ，これらは低温度下で絶縁体に近いが，温度が上昇すると電子が価電子帯から伝導帯に励起され，電気伝導性が現れる．また価電子帯には励起した電子と同数のホール（hole）が生じることになる．これを**真性半導体**（intrinsic semiconductor）と呼び，後に触れる**不純物半導体**（extrinsic semiconductor）と区別している．

式（7.1）を用いて，この真性半導体のフェルミ準位について検討する．この際，すべてのホールは価電子帯の上端，すべての伝導電子は伝導帯の底に存在すると仮定する．価電子帯の上端エネルギーをゼロとし，ホールを $E=0$ で見いだす確率が，電子を $E=E_g$（伝導帯の底）で見いだす確率と等しくなるようにする．したがって

$$1-F(0)=F(E_g) \tag{7.2}$$

であるから，式（7.1）を用いて

$$1-\frac{1}{1+\exp(-E_F/kT)}=\frac{1}{1+\exp[(E_g-E_F)/kT]} \tag{7.3}$$

となり，これを E_F について解くと

$$E_F=\frac{E_g}{2} \tag{7.4}$$

と得られる．以上より真性半導体のフェルミ準位は禁制帯のほぼ中央に位置することがわかる．この様子を図 7.5 に示した．

一方，イオン結晶などの絶縁体は，陽イオンと陰イオンが電子をやりとりして，ともに閉殻電子配置になっているため，バンドギャップのエネルギーが非常に大きく，電子が伝導帯にジャンプできないため，電気伝導度が低いと理解される．絶縁体のバンドギャップは，たとえば NaCl で 878 kJ mol^{-1} であり，Si の約 10 倍となっている．こ

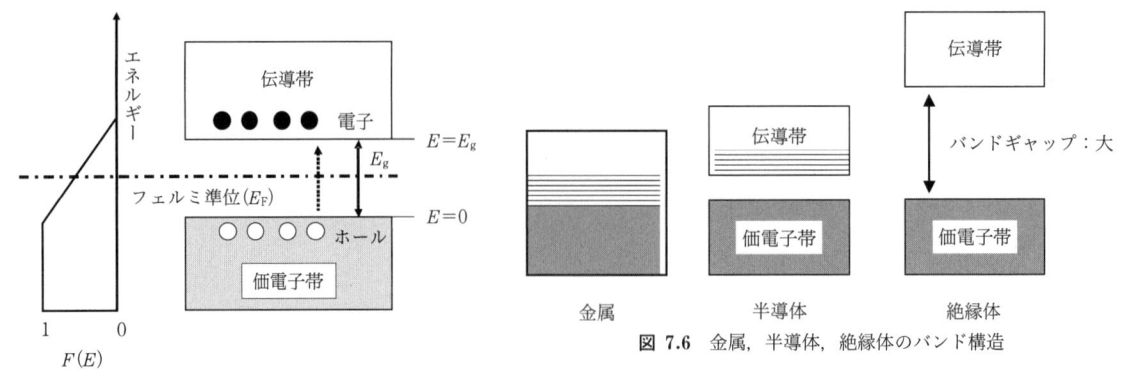

図 7.5 真性半導体におけるフェルミ準位

図 7.6 金属, 半導体, 絶縁体のバンド構造

れまで触れた金属, 半導体, イオン結晶のバンド構造の特徴を図 7.6 にまとめて示した.

以上はバンド理論に基づいて電気伝導について触れてきたが, これ以外に金属酸化物などで見られる混合原子価による電気伝導やイオンが電荷担体になるイオン伝導などがあげられる.

【例題1】 Ge 結晶のバンドギャップは 64.5 kJ mol^{-1} である. この結晶に光を照射して伝導性を示すのに必要な光の波長を求めよ.

[解] バンドギャップのエネルギーを光子1個当たりに換算すると
$$64.5 \times 10^3 / (6.022 \times 10^{23}) = 1.071 \times 10^{-19} \text{ J}$$
このエネルギーに相当する波長は, $E = hc/\lambda$ から,
$$\lambda = hc/E = 6.626 \times 10^{-34} \times 2.997 \times 10^8 / (1.071 \times 10^{-19})$$
$$= 1.854 \times 10^{-6} \text{ m}$$
したがって, 1.85 μm より短い波長の光を照射すればよい.

7.4 半導体の電気伝導とその応用

伝導メカニズムとは関係なく, 電気伝導度 (σ) は電気を運ぶキャリヤ, その濃度 (n), および電気を運ぶ速さ (移動度)(μ) で決まる. 電子伝導の場合はこれらの間に

$$\sigma = ne\mu \tag{7.5}$$

の関係がある. σ の単位は**ジーメンス** (S) で, 電気が流れる媒体の断面積に比例し, 長さに反比例する. また, 単位断面積, 単位長さ当たりの伝導度を**比伝導度**あるいは**電気伝導率** (σ_s) [S m^{-1}] と呼ぶ. すなわち,

$$\sigma = \sigma_s \frac{S}{l} \tag{7.6}$$

の関係がある. また, 比抵抗 [Ω m] は電気伝導率の逆数である.

真性半導体の場合, 室温では n が小さいためほとんど絶縁体に近

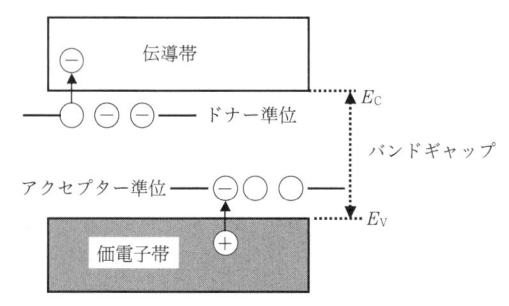

図 7.7 不純物半導体におけるバンド構造

い状態である．そこで式(7.5)の n を増やすために他の元素を少量添加する手法が取られている．たとえば，14族のSiに15族のPを添加すると，PはSiよりも原子価電子が1個多いため，その電子は伝導帯に入り，伝導性に寄与することになる．伝導帯近くPのレベルを**ドナー準位**（donor level）と呼び，こうして電気伝導を生じた半導体をn型半導体（n-type semiconductor）と呼んでいる．また原子価電子が1個少ない13族のGaをSiに添加すると，価電子帯の近くに空の軌道が生じる．この空の軌道を**アクセプター準位**（acceptor level）と呼ぶ．このアクセプター準位に電子が入り，価電子帯に生じたホールにより伝導性を示す．この半導体はp型半導体（p-type semiconductor）と呼んでいる．この様子を図7.7に示した．

一方，半導体の電気伝導度 σ は次式にしたがって，温度の上昇とともに増大する．

$$\sigma = \sigma_0 \exp\left(-\frac{\Delta H}{RT}\right) \tag{7.7}$$

ここで，ΔH は伝導のための**活性化エネルギー**（activation energy）と呼ばれ，真性半導体の場合はバンドギャップのエネルギーに対応している．式(7.7)の両辺を対数で表すと，

$$\ln \sigma = \ln \sigma_0 - \frac{\Delta H}{RT} \tag{7.8}$$

となり，$\ln \sigma$ を絶対温度の逆数に対してプロットして直線が得られれば，その勾配から電気伝導のための活性化エネルギーを求めることができる．純粋なシリコンの活性化エネルギーはほぼ $106\,\mathrm{kJ\,mol^{-1}}$ である．一方，LiFやNaFなどの絶縁物の活性化エネルギーは約 $1060\,\mathrm{kJ\,mol^{-1}}$ であり，半導体のそれより1桁大きくなっている．図7.8に半導体の電気伝導度の温度依存性を，金属や絶縁体の電気伝導度とともに示す．

n型とp型半導体を接触させるとp-n接合が形成される．また，p-n接合からなる素子を**ダイオード**（diode）という．電池の負極をn

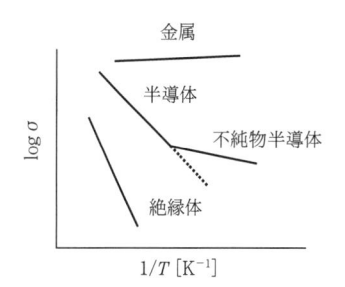

図 7.8 金属，半導体，絶縁体の電気伝導度の温度依存性

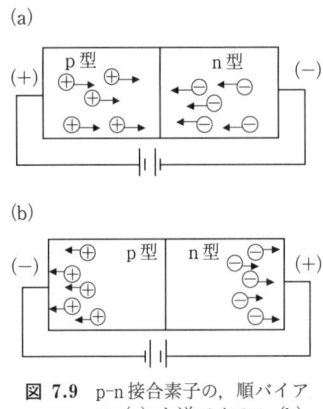

図 7.9 p-n 接合素子の，順バイアス (a) と逆バイアス (b)

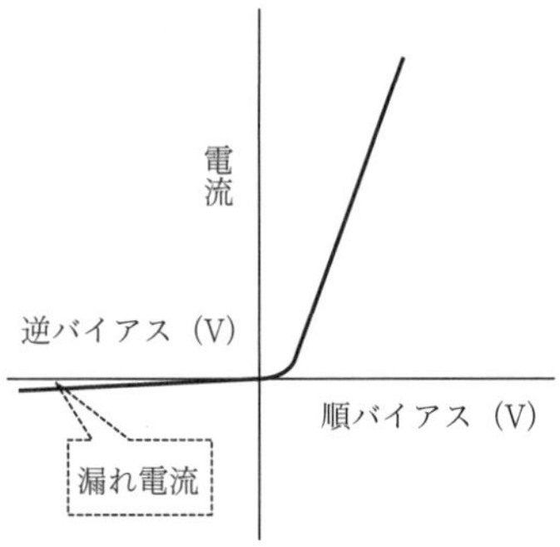

図 7.10 p-n 接合素子の電流，電圧特性

型半導体部分に，正極を p 型部分につなぐと，電子は n → p 方向に流れ，同時にホールは p → n 方向に流れる（順バイアス）．この様子を図 7.9(a) に模式的に示した．しかし，電池の電極を逆につなぐと電流は流れない（逆バイアス）（図 7.9(b)）．このような一方向にのみ流れる p-n 接合の電流特性を，交流を直流に変換する整流器に応用している．図 7.10 は p-n 接合した素子の電流，電圧特性を示す．

【例題2】 ある半導体の電気伝導率は 50°C で $0.1\,\mathrm{S\,cm^{-1}}$，100°C では $2.0\,\mathrm{S\,cm^{-1}}$ であった．このデータから電気伝導の活性化エネルギ

■ **参考：太陽電池**

太陽電池もまた p-n 接合を応用したものである．図 7.11(a) は p 型, n 型半導体が接触していないとき，フェルミ準位（E_F）は n 型半導体の方が高い．この 2 つの素子を接触させると，電子はフェルミ準位の低い p 型半導体の方に流れ，フェルミ準位は左右で等しくなるため，接触電位差 V_0 が生じる（図 7.11(b)）．この素子に，バンドギャップ以上のエネルギーをもつ光を照射すると，価電子帯にある電子は伝導体にジャンプし，価電子帯にホールが残る．ジャンプした電子は n 型領域に，ホールは p 型領域に流れる．その結果，フェルミ準位は n 型で高く，p 型領域で低くなり，その差が起電力 E となる（図 7.11(c)）．したがって，p 型と n 型をつなげば，フェルミ準位が等しくなるまで電流が流れる．また，光を照射し続ければ連続して電流を取り出すことができる．この時使用する半導体としてのシリコンには，単結晶の他，多結晶やアモルファスシリコンなども使用されている．

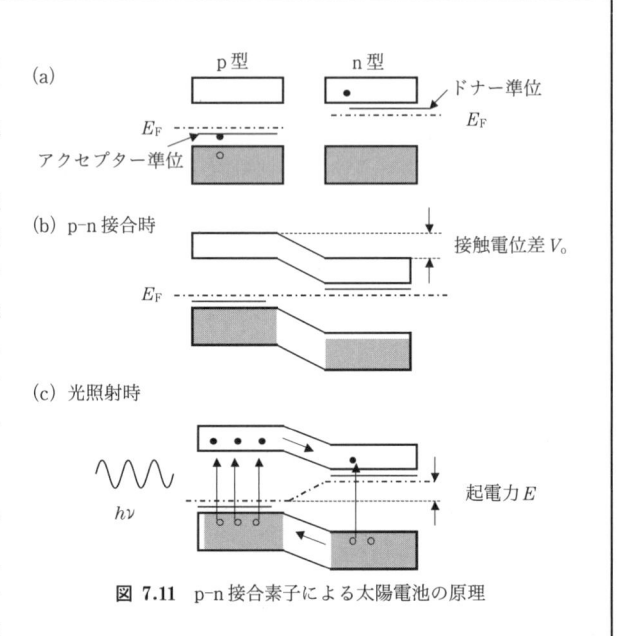

逆に外部から電圧を印加すると発光する原理になる．これを標識ランプなどに応用したものが発光ダイオードである．

図 7.11 p-n 接合素子による太陽電池の原理

─を求めよ．

［解］　温度 T_1 および T_2 のときの伝導度をそれぞれ σ_1, σ_2 とすると，式 (7.8) から次式が得られる．

$$\ln \sigma_2 - \ln \sigma_1 = \frac{\Delta H}{R}\left(\frac{1}{T_2} - \frac{1}{T_1}\right)$$

$$\log 2.0 - \log 0.10 = \frac{\Delta H}{2.303 \times 8.314}\left(\frac{1}{323} - \frac{1}{373}\right)$$

これを解くと，$\Delta H = 60.0 \text{ kJ mol}^{-1}$

【演習問題】

1．真性半導体にある不純物が加えられた結果，伝導度は上昇した．n型とp型半導体についてこのメカニズムを説明せよ．

2．式 (7.3) から式 (7.4) を誘導し，真性半導体のフェルミ準位が禁制帯の中央に位置することを示せ．

3．シリコンをn型およびp型半導体にするために添加する不純物を，それぞれ2種類ずつあげよ．

4．比抵抗が $2.66 \times 10^{-8} \, \Omega \text{ m}$ のアルミ線がある．その断面積が 2 mm^2，長さが 500 m の抵抗および伝導度を計算せよ．

5．電気伝導のための活性化エネルギーが 100 kJ mol^{-1} の半導体がある．いま温度が室温（25℃）から50℃まで変化したとき，電気伝導度は室温の何倍になるか．

8 金属および簡単な無機化合物の結晶構造

　人間が美を感じる要素のひとつに対称性に基づく繰り返しのパターンがある．これには洋服などの模様をはじめ，音楽のフレーズなど日常生活の至る所でみとめられるが，ダイヤモンドやサファイヤなどの結晶の美しさもまた，原子やイオンの規則的な繰り返しによるところが大きい．また，物質の性質もその結晶構造に依存することも多い．本章では金属の結晶構造の成り立ちにおいて，最密充填構造のしくみを学ぶとともに，空間格子や単位格子の考え方を学ぶ．ついで一見複雑に見える結晶の構造の成り立ちも金属の結晶構造をベースに展開することにより，一般の結晶構造に対する理解が深まることを期待したい．

8.1 結晶構造と空間格子

　結晶中の原子は固く結合して，規則的に配列している．その原子が結晶中で三次元的に規則正しいパターンを示すとき，これを**空間格子**（space lattice）という概念を用いて系統的に理解している．いま，図8.1(a) に示すような3種類のイオンA，B，Cからなる分子が，図8.1(b) のように二次元的に配列している場合を考える．繰り返しの基準をAイオンとした場合，実線で示したような格子模様になる．この基準をB（点線），あるいはC（破線）イオンのいずれの場合でも同じ模様が得られることがわかる．そこで，この模様の対称性を議論するには，図8.1(c) で示したパターンを考えれば十分である．ここで，(c) のパターンは二次元であるので**面格子**と呼ばれるが，三次元的に展開したものが空間格子である．また，分子を抽象的に示した黒い点が**格子点**（lattice point）である（この認識は化合物の構造を考える上で特に重要である）．この規則的な繰り返しの最も小さい単位を**単位格子**（unit cell）といい，単位格子を規定する辺の長さや角度を**格子定数**（lattice constant）という．したがってまず単位格子を考えれば，構造の特徴は把握できるが，常にこの単位格子が連続して三次元的に連なっていること（対称論では並進操作という）に注意すべきである．

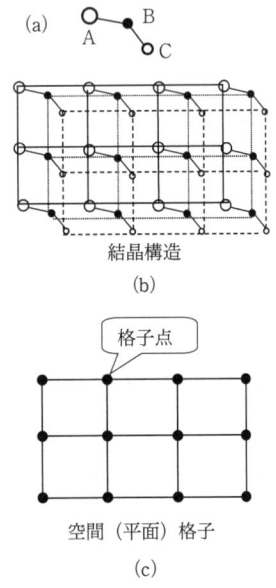

図 8.1 結晶構造と空間格子

また，結晶構造を議論するとき，単位格子に属する原子数が問題になる場合があるが，すでに触れたように単位格子の並進操作に基づくと，単位格子に属する原子数は以下のように数えることは容易に理解されよう．

1) 頂点に位置する原子は 8 つの単位格子に共有されているので 1/8 個
2) 面心に位置する原子は 2 つの単位格子に共有されているので 1/2 個
3) 稜線上に位置する原子は 4 つの単位格子に共有されるので 1/4 個
4) 体心など，格子内に位置する原子は 1 個

8.2 金属の構造

8.2.1 金属の構造の種類

まず，最も簡単な金属の結晶から検討する．議論を単純化するため，金属の原子を剛体球と仮定し，これが結晶中で原子がどのように配列するか，あるいは他の原子とどのような関係があるかなどを調べる．この場合，原子の詰まり具合（充填率）や，ある原子を取り囲む原子の数に注意する．特に取り囲む原子の中で，最近接の原子数を**配位数**（coordination number）といい，結晶構造を考える上で重要な因子である．

金属の構造は以下のように 4 種類の単位格子で表せる．

1) **単純立方格子**（simple cubic unit cell）（図 8.2）
   最も簡単な構造で，原子は立方体の 8 つの頂点に位置し，それぞれの原子は立方体の稜に沿って接している．単位格子中の原子数は 1 個で，原子の配位数は 6 である．化合物では多く見られるが，金属でこの構造になるのは α-Po のみである．

2) **体心立方格子**（body-centered cubic unit cell：bcc）（図 8.3）
   原子は立方体の 8 つの頂点と体心の位置に存在する．それゆえ，単位格子中の原子数は 2 個である．頂点の原子どうしは互いに接触することなく，体心の原子と接触している．それぞれの原子は 8 つの原子によって囲まれているので，配位数は 8 である．

3) **面心立方格子**（face-centered cubic unit cell：fcc）（図 8.4）
   最も密な構造であり，**立方最密充填**（cubic closest packing：ccp）構造ともいう．原子は立方体の 8 つの頂点と各面の中心に存在し，体心の位置には存在しない．配位数は 12 である．単位格子中の原子数は 4 個である．

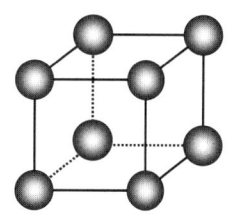

図 8.2 単純立方格子

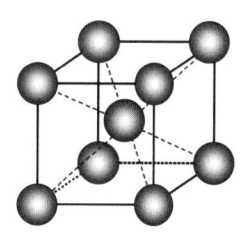

図 8.3 体心立方格子

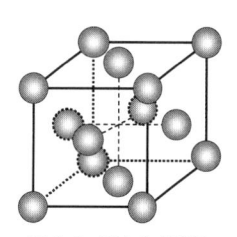

図 8.4 面心立方格子

4) 六方格子 (hexagonal unit cell)

面心立方格子と同様，最も密な構造であるが，単位格子は対称の観点から六方格子となっているので，**六方最密充塡** (hexagonal closest packing : hcp) 構造とも呼ばれる（図8.5）．それゆえ，格子定数は a と c で規定され，理想的な六方最密格子のとき，$c/a=1.63$ となるが，実際の結晶はこの値とわずかに異なっている．

8.2.2 金属の単位格子の種類と充塡率との関係

金属原子の詰まり方という視点で，前述の4種類の格子を検討する．当然，原子の周りの配位数が大きいほど，一定の体積中に占める原子数は多くなる，すなわち充塡率が高いことになる．充塡率 (p) は単位格子の体積 (V_1) に対して，単位格子中に存在する原子の体積の比と定義される．それゆえ，すべての原子の半径 (r) が等しいならば，

$$p = \frac{Z \frac{4}{3}\pi r^3}{V_1} \quad (8.1)$$

で与えられる．ここで，Z は単位格子中に存在する原子数である．

配位数が6である単純立方格子の二次元の配列は図8.6に示した．格子定数 a の格子体積は a^3 である．単位格子中に1個存在する球の半径 r の体積は $(4/3)\pi r^3$ であり，また $a=2r$ の関係から，充塡率は52%が得られる．これは充塡効率という観点から考えると効率の悪い充塡方法といえる．

単純立方格子より高い充塡率は体心立方格子で得られる．体心立方格子は，まず単純立方格子の二次元配列において第二層の原子を第一層の窪みにおくことである．ついで第三層は第二の層の窪みにおくと，それは第一層の真上にくる（図8.7）．この場合，単位格子の対角線上の原子が接触していることに注意すべきである．図8.8に示したように，格子定数 a と原子半径 r の間には $4r=a\sqrt{3}$ の関係があり，単位格子中に2原子が存在することを考慮すると，充塡率 (p) は次式で計算できる．

$$p = 2 \times \frac{4}{3}\pi\left(\frac{\sqrt{3}}{4}a\right)^3 \bigg/ a^3 = 0.680 \quad (8.2)$$

すなわち，充塡率は68%となる．

二次元において，体心格子より充塡率の高い配列を図8.9に示した．第一層の配列において3つの原子からなる窪みに第二層が配列する（図8.9で影をつけた球）．ここで，第二層の原子配列における窪みには2種類が存在する．たとえば，窪み1（△印の位置）は第一層

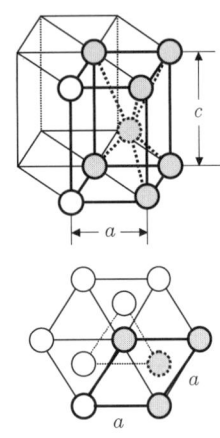

図8.5 六方格子

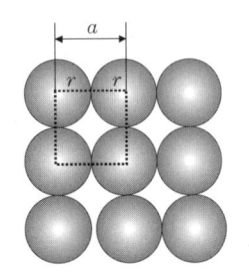

図8.6 単純立方格子の二次元配列

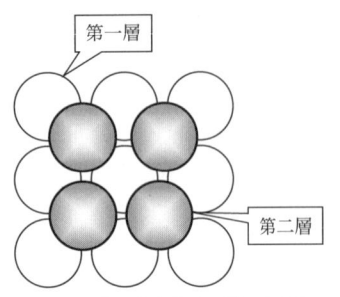

図8.7 体心立方格子の積みかさね

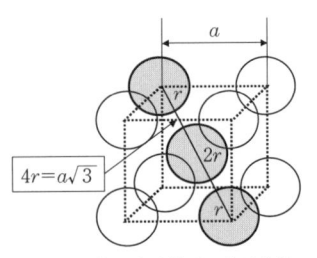

図8.8 体心立方格子の格子定数と原子半径

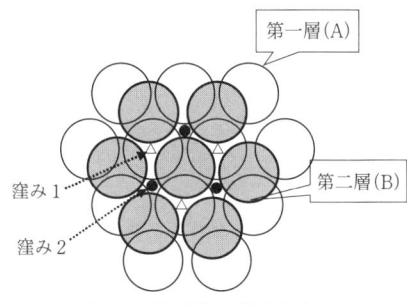

図 8.9 第三層目の詰まり方

の真上に位置している．したがって，第三層として窪み1に原子を並べると，この配列は第一層と同じになる．ここで，第一層をA，第二層をBとすると，この配列はA, B, A, B, …の繰り返しになり，最も密な原子配列となる．この原子配列は対称性の観点から，六方最密充填と呼ばれ，前項の六方格子がこれに相当する（図8.5）．

一方，図8.9における窪み2（●印の位置）は，第一層，第二層とは異なる新しい層である．したがって，窪み2に原子を並べた第三層をCとすると，A, B, C, A, B, C, …の繰り返しになる．この配列は立方最密充填と呼ばれ，面心立方格子（図8.4）に相当する．

図8.10に立方最密充填構造と面心立方格子の関係を示した．図中のA, B, Cは前述の層に対応している．層の積み重ねは面心格子の体対角線の方向になっていることが理解できよう．

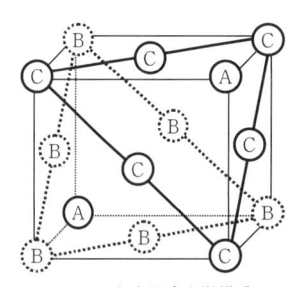

図 8.10 立方最密充填構造と面心立方格子の関係

ここで，面心格子に基づいて立方最密充填構造の充填率を検討する．図8.11に格子定数が a である面心立方格子中に存在する半径 r の原子の配列を示した．格子定数 a と，原子半径 r の間に，$r = a\sqrt{2}/4$ の関係がある．また，面心立方格子中に4個の原子が存在するから，格子中の原子の体積（V）は

$$V = 4 \times \frac{4}{3}\pi \left(\frac{a\sqrt{2}}{4}\right)^3 = 0.74 a^3 \quad (8.3)$$

と計算される．それゆえ，充填率は74.0%となることがわかる．一方，六方最密充填の充填率も74%で，立方最密充填と変わらない．

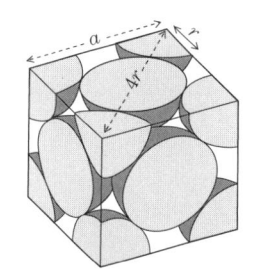

図 8.11 立方最密充填における原子半径と単位格子の関係

表 8.1 種々の格子の比較とその構造をとる金属元素

	体心立方格子	面心立方格子 （立方最密格子）	六方(最密)格子
略記	bcc	fcc(ccp)	hcp
最近接原子数	8	12	12
単位格子中の原子数	2	4	2
充填率 [%]	68	74	74
金属の特徴	硬く加工しにくい	加工性よい	
金属の種類	Mo, V, Ba, Na, Cr, Fe	Ag, Au, Ni, Al, Pt, Ir, Pb, Rh	Mg, Ni, Ti, Zr, Be, Zn

■ 参考：六方最密格子の充塡率

図 8.5 および図 8.12 に示したように，格子定数が a と c $(c=2a\sqrt{6}/3)$ からなる単位格子の体積 V_1 は

$$V_1 = \frac{\sqrt{3}}{2}a^2 \times \frac{2\sqrt{6}}{3}a = \sqrt{2}\,a^3 \tag{8.4}$$

である．一方，六方最密格子の単位格子には，格子の頂点と格子内に 1 個の計 2 個の原子を含んでいる．また，$r=a/2$ の関係を用いると，単位格子中の原子の体積 V_a は

$$V_a = 2 \times \frac{4}{3}\pi\left(\frac{a}{2}\right)^3 = \frac{\pi}{3}a^3 \tag{8.5}$$

となる．したがって，充塡率 p は，$p=V_a/V_1=0.740$ となり，立方最密充塡構造の充塡率 74% と同じである．

図 8.12 六方最密格子の a と c の関係

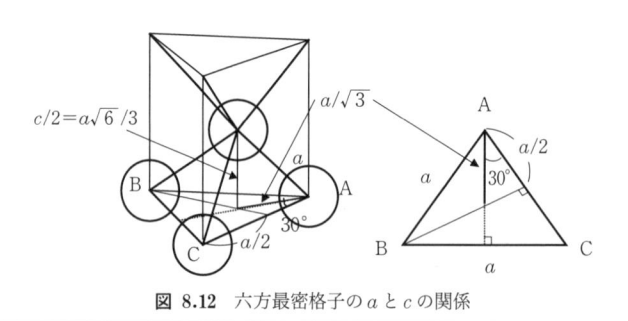

表 8.1 に体心格子，面心格子，六方最密格子の特徴をまとめるとともに，室温においてその構造をとる代表的な金属を与えた．金属の延性，展性などの機械的特性はこれらの構造に依存する傾向が強い．すなわち，面心立方格子の Al や Au は最密充塡した層間が滑りやすいため，延性・展性に富んでいるが，Cr や W などが属する体心格子は加工性に乏しい．

ある元素の結晶構造がわかると，その元素の密度を計算することが可能となる．たとえば，面心立方格子である Cu の格子定数は 0.3615 nm であることが知られている．Cu の原子量は 63.55 で，単位格子中に 4 つの原子が含まれているから，密度は

$$\frac{4 \times 63.55}{(0.3615 \times 10^{-7})^3 \times 6.022 \times 10^{23}} = 8.935 \text{ g cm}^{-3}$$

と計算される．

8.3 無機結晶の成り立ち

無機化合物の多くはイオン半径の比較的大きい陰イオンと小さい陽イオンとで構成されている．イオン結合でできた無機化合物の結晶構造は，結合の方向性がないので，基本的には陰イオンの充塡構造でほぼ決まる．大きいイオン半径の陰イオンが最密充塡構造をつくり，小さい陽イオンは陰イオンの隙間に存在すると考え，それらの配置をで

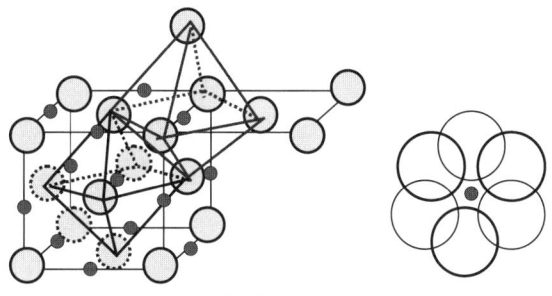

図 8.13 立方最密充填構造における 6 配位位置

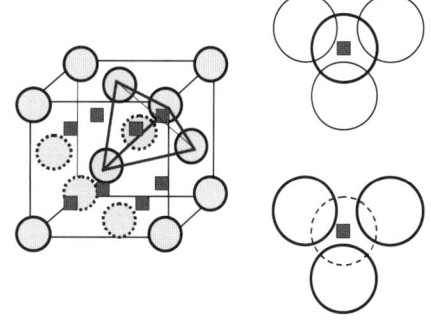

図 8.14 立方最密充填構造における 4 配位位置

きるだけ密に詰める方がエネルギー的に安定になる．その際，陽イオン（陰イオン）はできるだけ多くの陰イオン（陽イオン）に囲まれた方がより安定な構造になる．以下に代表的な陰イオンと陽イオンのイオン半径を示す．

陰イオン：大きい　O^{2-}：0.14 nm，　F^-：0.133 nm，
　　　　　　　　　　Cl^-：0.181 nm
陽イオン：小さい　Mg^{2+}：0.072 nm，　Fe^{2+}：0.061 nm，
　　　　　　　　　　Al^{3+}：0.0535 nm，　Si^{4+}：0.026 nm，
　　　　　　　　　　Ge^{4+}：0.039 nm

陰イオンからなる最密充填構造の隙間には **6 配位位置**（octahedral site）と **4 配位位置**（tetrahedral site）の 2 種類が存在する．この隙間に陽イオンが入ってイオン結晶が形成されるのであるが，化合物の特性はこの配位状況で大きく影響される場合が多い．図 8.13 と 8.14 に面心立方格子中に存在する 6 配位と 4 配位の位置を示した．

面心立方格子の 6 配位の位置は，立方体に体心の位置に 1 個と，稜の 1/2 の位置に全部で 3 個存在するため，単位格子当たり 4 個の 6 配位の位置が存在することになる（図 8.13）．一方，面心格子の位置にはやはり 4 個の原子位置が存在することはすでに指摘した．したがって，原子に対する 6 配位の位置の割合は 1：1 となる．4 配位の場合，頂点の原子と面心にある 3 つの原子に囲まれた位置であり，単位格子当たり 8 つの 4 配位の位置が存在することがわかる（図 8.14）．それゆえ，原子に対する 4 配位の位置の割合は 2：1 となる．

どちらの隙間に入りやすいかは陽イオンのサイズによって決まる．このときの陽イオンと陰イオンのサイズの大小における安定性の違いを図 8.15 に示す．すなわち，図 8.15(c) のように，隙間に比較して陽イオンが小さすぎると安定ではない．陽イオンと陰イオンが互いに接触し，陰イオンどうしはいくぶん離れるため，反発が小さい (a) が最も安定な配置で，(b) は安定に存在できる限界である．この限

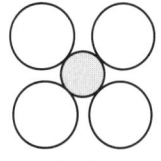

(a) 安定

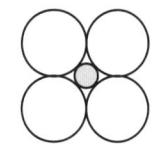

(b) 臨界半径比

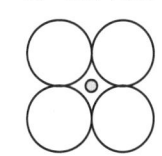

(c) 不安定

図 8.15 陰イオンと陽イオンのイオン半径と安定性

表 8.2 イオン半径比と配位数および形

陽イオン半径/陰イオン半径比 r_C/r_A	陽イオン周囲の最近接陰イオン数 (配位数)	配位構造の形状
0.15 以下	2	直線
0.15〜0.22	3	正三角形
0.22〜0.41	4	正四面体
0.41〜0.73	4*	平面四角形*
0.41〜0.73	6	正八面体
0.73〜1.00	8	立方体
1.00 以上	12	最密充填

*錯体イオンに多い

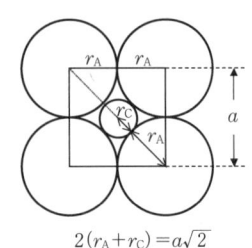

図 8.16 6配位構造の断面図
$2(r_A+r_C)=a\sqrt{2}$

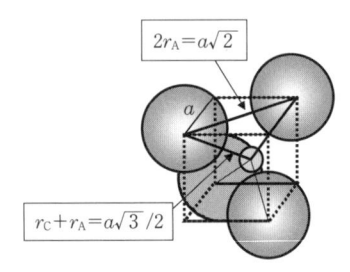

図 8.17 4配位構造における陰イオンと陽イオンの関係
$2r_A=a\sqrt{2}$
$r_C+r_A=a\sqrt{3}/2$

界状態での陰イオンに対する陽イオンの半径比を**臨界半径比**と呼ぶ.

八面体型6配位は図8.16に示した. 陽イオンと陰イオンの半径をそれぞれ r_C および r_A とすると, この配位に対するイオン半径比 r_C/r_A の臨界値は陰イオンで囲まれた八面体の空間に陽イオンが接触するように入った場合であるから, 簡単な幾何学を用いて計算できる. その結果, $r_C+r_A=r_A\sqrt{2}$ の関係から, $r_C/r_A=\sqrt{2}-1=0.41$ が得られる. これは r_C/r_A が0.41より大きいとき, 八面体配位が安定になることを示している. よく知られた, 代表的なイオン結晶であるNaClは, 最密充填した Cl^- の八面体配位の隙間に Na^+ が入った構造であると理解される. この場合, $Na^+(r=0.098\,nm)$ と $Cl^-(r=0.181\,nm)$ のイオン半径比は0.54と計算され, 上記の議論が当てはまることが理解されよう. また, 立方最密充填した Cl^- のすべての八面体位置に Na^+ が入っているので, Na:Cl=1:1の組成比になることも理解できる.

同様に, 1辺が a の立方体の4つの頂点が陰イオンで占められた四面体型4配位のイオン半径比について考える. 図8.17に示したように, (r_C+r_A) は立方体の体対角線の1/2であるから, $a\sqrt{3}/2$ で, r_A は面の対角線の1/2であるから, $a\sqrt{2}/2$ である. それゆえ, $(r_C+r_A)/r_A=\sqrt{3}/\sqrt{2}$, したがって $r_C/r_A=0.225$ が得られる. それゆえ, 四面体配位は $0.225<r_C/r_A<0.41$ の範囲で安定であることを示している. この具体的な例はセン亜鉛鉱 (zinc blende) と呼ばれるZnSの構造や SiO_2 の構造がこれに相当する. ZnSの場合, 四面体位置の半分だけがZnによって占められているので, Zn:S=1:1の組成比となる. 表8.2に種々の配位に対して安定なイオン半径比の値をまとめた.

8.4 無機結晶の系統的理解

前節で説明したように, 基本的には陰イオンがccpあるいはhcp

表 8.3 陰イオンの最密充填構造を基本とした結晶構造

陰イオン配列構造	八面体位置	四面体位置	結晶構造名
立方最密充填 (ccp)	1	—	NaCl（岩塩）
	—	1/2	ZnS（セン亜鉛鉱）
	—	1	K$_2$O（逆蛍石），CaF$_2$（蛍石）
	1/2	—	CdCl$_2$
	1/3	—	CrCl$_3$
	1/2	1/8	MgAl$_2$O$_4$（スピネル）
六方最密充填 (hcp)	1	—	NiAs（ヒ化ニッケル）
	—	1/2	ZnO（ウルツ鉱）
	1/2	—	CdI$_2$
	1/2	—	TiO$_2$（ルチル）
	2/3	—	Al$_2$O$_3$（コランダム）
	1/2	1/8	MgSiO$_4$（オリビン）

の最密充填構造を形成し，4 配位や 6 配位の隙間に小さい陽イオンが入って化合物の結晶構造が形成される．このとき陽イオンの大きさや電荷によって，入る隙間の位置やイオン数が異なり，多種多様な結晶構造が展開することになる．表 8.3 に系統的に結晶構造をまとめた．たとえば，岩塩構造とヒ化ニッケル構造の違いは，単に陰イオンの充填方式が異なっているだけである．この関係はスピネル構造とオリビン構造の関係と同じである．

また，蛍石構造は，陽イオンが比較的大きいので，むしろ陽イオンが最密構造を形成し，陰イオンが 4 配位位置を占めた構造になっている．陰イオンが最密構造の場合は，逆蛍石構造となる．

TiO$_2$（ルチル）と CdCl$_2$ 構造はいずれも陰イオンが hcp で，6 配位位置の半分に陽イオンが入った構造であるが，この半分の陽イオンの入り方が異なっているだけである．

以下に代表的な結晶構造を説明する．

a. 岩塩（NaCl）型構造

NaCl 型構造は，陰イオンである Cl$^-$ による面心立方格子のすべての 6 配位位置に Na$^+$ が入った構造と理解できる．すでに述べたように，NaCl の r_C/r_A 比は 0.54 であり，Na$^+$ の周りの Cl$^-$ の配位数は 6 である（図 8.18）．この構造は AgCl，KF，NaBr，MgO，CaO，MnO，ReO，NiO などのハロゲン化物，酸化物，炭化物，窒化物に多く化合物が知られている．

b. ヒ化ニッケル（NiAs）型構造

NaCl 型構造は面心立方格子を基本としているが，ヒ化ニッケル（nickel arsenide）型構造は，陰イオンである As^{2-} が六方最密構造を形成し，その 6 配位位置のすべてに Ni^{2+} が入った構造である．この構造は酸化物にはあまり見られないが，NiAs 以外に FeS，FeSe，

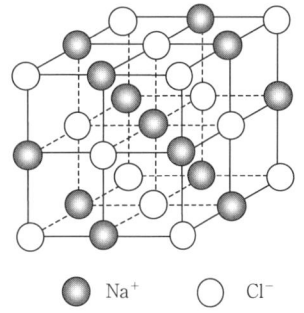

図 8.18 NaCl 型結晶の配列構造

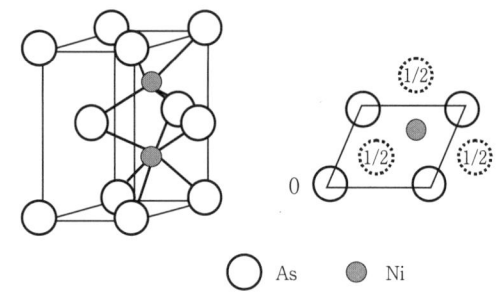

図 8.19 ヒ化ニッケル（NiAs）型構造

CoS など多くの遷移金属のカルコゲン化物がこの構造になっている．図 8.19 にヒ化ニッケル型構造を示すが，図中の数字は単位格子における c 軸方向の高さを示している．

c. セン亜鉛鉱（β-ZnS）型構造

セン亜鉛鉱（zinc blende）型構造は S^{2-} の面心立方格子の 4 配位位置の半分である 1 つおきに Zn^{2+} が入った構造とみなせる．β-ZnS の r_C/r_A 比は 0.45 であるから，イオン半径比の議論によればむしろ Zn^{2+} は 6 配位が安定であるはずであるが，共有結合性のため実際には 4 配位を占めた構造になっている（図 8.20）．この構造はまた，Zn^{2+} の面心立方格子と S^{2-} の面心立方格子が x，y，z 方向に 1/4，1/4，1/4 だけずれて重なった構造とも理解される．この構造に属する物質には，AgI，HgS，β-SiC，BN などがある．

セン亜鉛鉱型構造において Zn^{2+} と S^{2-} を同じ元素に置き換えた構造が**ダイヤモンド型構造**である（図 8.21）．この構造になる物質として，C，Si，Ge などが知られている．さらに，このダイヤモンド型構造の Si において，Si-Si 結合の間に O が入ると石英（SiO_2）の変態の一つであるクリストバライト（cristobalite）の構造となる（図 8.22）．

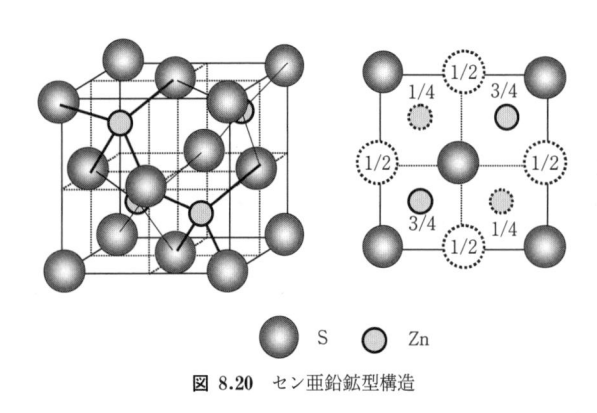

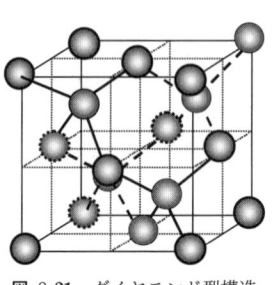

図 8.20 セン亜鉛鉱型構造　　図 8.21 ダイヤモンド型構造　　図 8.22 クリストバライト

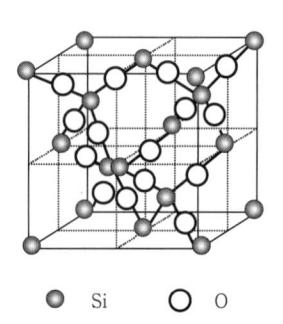

d. ウルツ鉱（α-ZnS）型構造

ウルツ鉱（wurtzite）型構造はセン亜鉛鉱型構造と異なり，S^{2-} のつくる六方最密充塡格子の4配位間隙の位置の半分が Zn^{2+} によって占められた構造になっている．図8.23の(a)は六方最密構造中の半分の4配位の位置を示し，(b)は α-ZnS 構造を示している．この構造に属する物質には，BeO，ZnO，AlN，SiC などがある．セン亜鉛鉱型構造と同様に Zn^{2+} と S^{2-} を Si とし，Si-Si 結合の間に O^{2-} をおくと，トリジマイト構造（図8.23(c)）が得られる．

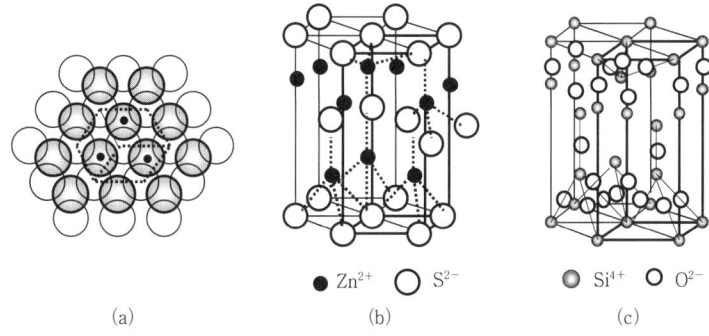

図 8.23 六方最密格子の半分の4配位位置(a)，ウルツ鉱型構造(b)とトリジマイト(c)

e. 蛍石（CaF_2）型および逆蛍石型構造

O^{2-} が形成する面心立方格子のすべての4配位位置に Li や Na などの陽イオンが入った構造は**逆蛍石**（antifluorite）型構造と呼ばれている（図8.24）．この場合，O^{2-} の周りの陽イオンの配位は8配位になることに注意すべきである．この構造になる化合物には K_2O，Na_2O，Na_2Te などが知られている．

逆蛍石型構造において，陽イオンと陰イオンの位置が入れ替わった構造が**蛍石**（fluorite）型構造で，一般には，むしろこの構造の方がよく知られている．蛍石型構造になる物質には蛍石（CaF_2）以外に，CeO_2，UO_2，ThO_2 などがある．F^- に対する Ca^{2+} のイオン半径比は 0.73 であり，Ca^{2+} の F^- の配位数は8である．

f. CdI_2 型構造

CdI_2 型構造は I^- が六方最密充塡格子になっており，その八面体位置の一層ごとに Cd^{2+} が入った層状構造である（図8.25）．この構造をとる物質には主として遷移金属のヨウ化物，臭化物，および $Mg(OH)_2$，$Ca(OH)_2$ などの水酸化物がある．

これに関連した構造に $CdCl_2$ 型構造が知られている．$CdCl_2$ 型構造は Cl^- が立方最密充塡である点が CdI_2 型構造と異なっている．この構造の化合物には $CdCl_2$ をはじめ，$FeCl_2$，$MgCl_2$，$NiCl_2$，$NiBr_2$ などが知られている．

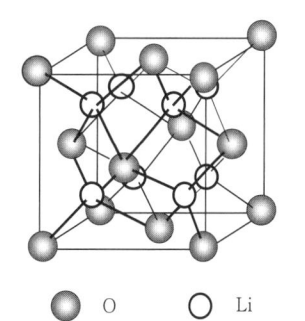

図 8.24 逆蛍石型構造

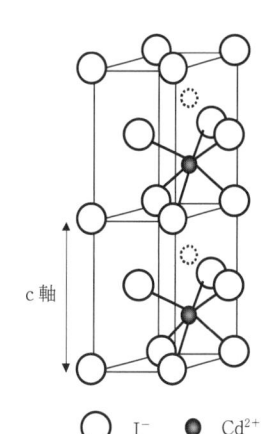

図 8.25 CdI_2 型構造

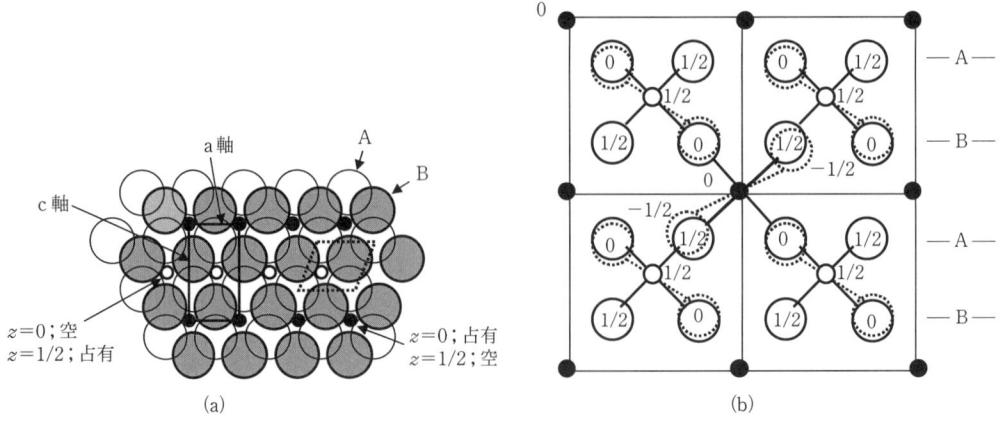

図 8.26 金紅石（TiO_2）の構造

g. ルチル（TiO_2）型構造

酸化チタンの構造にはルチル型，アナターゼ型，ブルッカイト型の3種の**多形（変態）**があり，それらの基本は TiO_6 の八面体である．ルチル型構造は，六方最密充填した O^{2-} の6配位の半分の位置に Ti^{4+} が入る点では CdI_2 型構造と共通しているが，図8.26(a) に示すように，Ti^{4+} は6配位位置に交互に入ったり，入らなかったりする．単位格子も六方格子ではなくて正方格子を選んでいる．八面体のつながり方は図8.26(b) に示した．ルチル型構造の物質には GeO_2, SnO_2, PbO_2, MnO_2, ZnF_2, MgF_2 などがある．

h. ペロブスカイト（$CaTiO_3$）型構造

ペロブスカイト（perovskite）型構造は ABO_3 の一般式で表され，A イオンがかなり大きく，B イオンが小さく，A と B のイオン半径に差があるときにこの構造になる．強誘電体で知られる $BaTiO_3$ では，Ba^{2+} と O^{2-} のイオン半径比は0.96であり，Ba^{2+} は12配位位置に入る．Ba^{2+} と O^{2-} とで面心立方格子をつくっている．一方，Ti^{4+} と O^{2-} とのイオン半径比は0.49で，6配位をとる．Ti^{4+} は O^{2-} だけで囲まれた6配位の間隙に入った構造になっている（図8.27）．その他，$PbTiO_3$, $CdTiO_3$, $BaTiO_3$, $KNbO_3$ などがあり，いずれも強誘

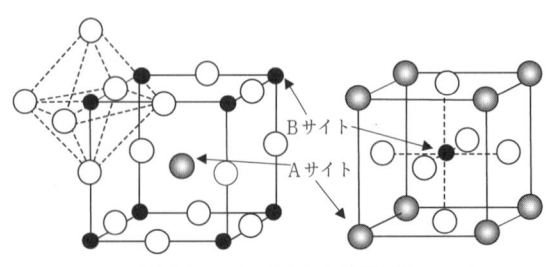

図 8.27 ペロブスカイト型構造

電体である．

【演習問題】

1． 以下の金属に対して，単位格子当たりいくつの原子が存在するか．
1) Po　2) Fe　3) Ag

2． セン亜鉛鉱型構造を有するセレン化亜鉛（ZnSe）の密度は 5.42 g cm^{-3} であることが知られている．
1) Zn と Se は単位格子中にいくつずつ存在するか．
2) 単位格子の質量はいくらか．
3) 単位格子の体積はいくらか．
4) 単位格子の 1 辺の長さを計算せよ．

3． ある元素は面心立方格子に結晶化する．密度は 1.45 g cm^{-3} で，単位格子の 1 辺の長さは 4.52×10^{-8} cm である．
1) 単位格子中にいくつの原子が存在するか．
2) 単位格子の体積はいくらか．
3) 単位格子の質量はいくらか．
4) 元素の原子量を計算せよ．

4． 銅は立方最密充填構造で結晶化する．銅の密度 8.95 g cm^{-3} とモル質量 63.55 g mol^{-1} を用いて，銅原子の原子半径を計算せよ．

5． 立方体配位（8 配位）における限界半径比が 0.73 であることを示せ．

9 原子核の世界

　原子核の構造，性質の解明は核化学，放射化学と呼ばれる分野を生み出し，原子核にかかわる化学は生物，医学，薬学などの領域でも幅広く用いられるようになった．また，原子力発電はいまや不可欠のエネルギー源であり，さらに，核融合発電の実用化に向けて国際的規模で開発を推進することが明確になっている．このように原子核の世界は日常とはまったく異なった世界であるにもかかわらず，ますます身近な存在になりつつある．

　そこで，本章では原子核の構成原理について学ぶとともに，原子核の分裂や核融合に伴うエネルギーがなぜ巨大なエネルギーを生み出すのか，また平和利用のための原子力エネルギーの原理などについても学ぶこととする．

9.1 原子核の構成

　原子核の研究は1896年ベクレル（A. H. Becquerel）によるウラン化合物からの放射線の発見によって始まり，放射能（radioactivity）の命名者であるキュリー夫妻（P. Curie，M. Curie）によって大きく進展した．一方，ラザフォードは1899年アルミニウムを透過した放射線は2種類からなることを発見し，透過力の小さい方をα線，大きい方をβ線と名づけた．1906年，ヴィラール（P. Villard）は磁場にも電場にも影響されない放射線を発見し，γ線と名づけたが，これは短波長の光子であることが明らかになった．続いて，中性子（1932年），中性微子（1933年），陽電子（1932年）などが次々と発見されることになる．表9.1におもな素粒子の性質をまとめて示した．

　物質を構成している最小単位である原子は，原子核とその周囲を取りまく電子（e）からなることはすでに触れた．原子核は原子番号（Z）に等しい数の**陽子**（proton：p）と，陽子とほぼ同数の**中性子**（neutron：n）から構成されている．それゆえ，陽子の数が各元素を決めているともいえる．また，中性子数をNとすると，

$$Z+N=A \tag{9.1}$$

で定義されるAを**質量数**（mass number）という．

表 9.1 おもな素粒子固有の性質

粒　子		記　号[a]	電　荷	質量(mc_0^2)[MeV]	原子質量[amu]
光子	photon	γ	0	0	0
陽子	proton	p	+1	938.3	1.0073
中性子	neutron	n	0	939.6	1.0087
電子	electron	e (e^-, β, β^-)	-1	0.5110	5.486×10^{-4}
陽電子	positron	e^+ (β^+)	+1	0.5110	5.486×10^{-4}
中性微子[b]	neutrino	ν	0	~ 0	~ 0
反中性微子	anti-neutrino	$\bar{\nu}$	0	~ 0	~ 0
ミュー粒子	muon	μ^+, μ^-	+1, -1	105.66	0.1134
中間子	meson	π^0	0	135.0	0.1449
		π^+, π^-	+1, -1	139.6	0.1498

[a] 括弧内の記号も用いられる．
[b] 電子ニュートリノ (ν_e), ミューニュートリノ (ν_μ), タウニュートリノ (ν_τ) の存在が知られている．

ここで，原子核の大きさを検討してみよう．原子核の半径 (R) は質量数 (A) と

$$R = 1.5 \times 10^{-13} A^{1/3} \text{ [cm]} \tag{9.2}$$

の関係があることが知られている．したがって，原子核の大きさは $10^{-12} \sim 10^{-13}$ cm 程度となる．半径が約 10^{-8} cm の原子と比べると，原子核の大きさは原子の 10^4 分の 1 にすぎない．また，電子の質量は陽子の約 1840 分の 1 なので，大部分は原子核が原子の質量を担っていると考えられる．これを密度に換算すると，約 10^{13} g cm^{-3} もの，とてつもない大きさになる．

ところで，この陽子と中性子を最初に見いだしたのは，それぞれラザフォードとチャドウィック（J. Chadwick）である．1919 年ラザフォードは次式で示すように，窒素に α 線を照射させたとき，放出された粒子が陽子であることを実証した．また，この反応は最初の原子核反応でもあった．

$$^{14}_{7}\text{N} + ^{4}_{2}\text{He} \longrightarrow ^{17}_{8}\text{O} + ^{1}_{1}\text{p} \tag{9.3}$$

陽子は，電子と同じ電荷（1.6022×10^{-19} C）で，符号は正である．一方，1932 年チャドウィックは Be に α 粒子を照射させて生じた，透過力が強く，電荷をもたない粒子を発見し，その粒子を中性子と名づけた．

$$^{9}_{4}\text{Be} + ^{4}_{2}\text{He} \longrightarrow ^{12}_{6}\text{C} + ^{1}_{0}\text{n} \tag{9.4}$$

元素は陽子数で決まるが，同じ元素でも中性子数が異なる，すなわち質量数が異なる元素がある．このような元素を**同位体**（アイソトープ，isotope）と呼ぶ．また，同位体には，安定同位体（stable isotope）と不安定で放射線を出す放射性同位体（radio isotope）がある．このように元素の質量数まで区別するとき，これを**核種**（nuclide）と呼んでいる．現在確認されている核種は 1400 種であり，こ

表 9.2 軽水素 (H_2), 重水素 (D_2), 軽水 (H_2O), 重水 (D_2O) の物性

物 性	H_2	HD	D_2	T_2	H_2O	D_2O
分子量	2.0163	3.0228	4.2942	6.0339	18.0157	20.2936
融点 [K]	14.01	—	18.55	—	273.15	276.97
融解熱 [kJ mol^{-1}]	0.117	—	0.197	—	6.01	6.36
沸点 [K]	20.39	22.13	23.67	25.04	373.15	374.57
蒸発熱 [kJ mol^{-1}]	0.904	1.11	1.126	1.393	40.6	41.7
比熱 [J K^{-1} g^{-1}] (288 K)	—	—	—	—	4.18	4.27
イオン積 [H$^+$][OH$^-$] (298 K)	—	—	—	—	1.0×10^{-14}	0.16×10^{-14}
密度 [g cm^{-3}] (298 K)	—	—	—	—	0.997	1.107
最大密度になる温度 [K]	—	—	—	—	277.13	284.75

のうち天然に存在する核種は287種である. また, 核種を区別するとき, 元素記号の左下にZ, 左上にAをつけることで区別している. たとえば, 原子番号6で, 質量数12の炭素は$^{12}_{6}C$のように表記される.

Hには^{1}H (水素, 軽水素, プロチウム), ^{2}H (D) (重水素, ジュウテリウム), ^{3}H (T) (三重水素, トリチウム) の3つの同位体が知られ, 自然界 (海水) での存在比はH:D:T=99.985:0.015:10^{-17}である. ^{1}HとDは安定核種であるが, Tは半減期12.3年の放射性核種である. これら3つの同位体は同じ電子配置をもつので, 同じような化学的性質を示すが, 質量差が反応の活性化エネルギーを大きくするため反応が遅くなる. また, 物理的性質にも大きな差が見られる. 表9.2に水素, 重水素, 水および重水の物性を比較した.

原子核内での陽子どうしは, ともに正電荷のため静電的な反発力が働くので, それに打ち勝つ引力がなければ自発的に核分裂してしまうはずである. この引力は静電的なものではなく, 原子間の化学結合においては電子がその役割を担っていたように, 核子間の結合においては **π中間子** (π meson) がその役割を果たしている. π中間子の種類には正電荷の$π^+$, 負電荷の$π^-$, 中性の$π^0$の3種がある. 陽子と中性子の結合には$π^+$中間子あるいは$π^-$中間子が, 陽子どうしおよび中性子どうしには$π^0$中間子が, それぞれ引力 (核力) の発生源であると説明される.

一方, 原子核の安定性は陽子の数Pと中性子の数Nで見ることができる. たとえば, $N/P=1$, すなわち両者の数が等しいときが最も安定である. 原子番号Zが20までの比較的軽い元素では$N/P=1$であるが, これ以上の元素では陽子どうしの反発力は増すので中性子数は増加する. 中性子数の増加は引力を増していき, $N/P=1.6$を超えると **自発核分裂** (spontaneous nuclear fission) を引き起こしやすくなる.

9.2 原子質量単位と原子量

原子核の質量は非常に小さいため，相対値で質量を示す**原子質量単位**（atomic mass unit：amu または u）を導入している．この相対値の基準として，質量数 12 の C の質量を 12 amu としている．すなわち，1 amu とは ^{12}C の原子 1 個の質量の 1/12 となる．これは 1 amu の粒子をアボガドロ数だけ集めると，1 g になることを意味する．ゆえに，

$$1\,\text{amu} = 1/(6.02213\times 10^{23})$$
$$= 1.66054\times 10^{-24}\,\text{g} \quad (=1.66054\times 10^{-27}\,\text{kg}) \quad (9.5)$$

の関係が得られる．元素にいくつかの同位体が存在するとき，その同位体の質量を amu 単位で表し，存在比を考慮した平均値が**原子量**（atomic weight）（**相対原子質量**ともいう）である．たとえば，塩素には ^{35}Cl と ^{37}Cl の同位体が存在する．^{35}Cl の質量は 34.969 amu，存在比は 75.77% で，^{37}Cl の質量は 36.966 amu，存在比は 24.23% である．それゆえ，

Cl の原子量 $=(34.969\times 0.7577)+(36.966\times 0.2423)=35.453$ amu

が得られる．原子量は通常無次元の数で表している．また，表 9.3 に陽子，中性子，電子の質量と原子質量をまとめて示した．

表 9.3 粒子の質量と原子質量

粒　子	質量 [kg]	原子質量 [amu]
陽子 (p)	1.672623×10^{-27}	1.007276
中性子 (n)	1.674929×10^{-27}	1.008665
電子 (e)	9.109390×10^{-31}	0.000549

9.3 質量欠損

原子は Z 個の陽子と N 個の中性子からなる原子核と，Z 個の軌道電子からなっている．そこで，陽子，中性子，電子の原子質量をそれぞれ m_p, m_n, m_e とすると，この原子核の原子質量 M_t はこれらの質量の総和として表せるはずである．それゆえ，

$$M_t = Zm_p + Nm_n + Zm_e \quad (9.6)$$

となる．たとえば，$^4_2$He は，2 個の陽子，2 個の中性子，および 2 個の電子から形成されているので，表 9.3 の数値を用いると，原子質量は

$(2\times 1.007276)+(2\times 1.008665)+(2\times 0.000549)=4.03298$ amu

となるはずである．ところが，質量分析計から $^4_2$He の質量 M は

4.00260 amu と得られているので，その差 0.03038 amu だけ実際の原子で質量が減少している．この質量減少

$$\Delta m = M_t - M$$

は**質量欠損**（mass defect）と呼ばれている．この事実は一見質量保存則に反していることになるが，1905年アインシュタインは質量とエネルギーの等価性を見いだした．これは

$$\Delta E = \Delta m \cdot c^2 \tag{9.7}$$

と関係づけられた．ここで，c は光速度である．この式を用いて，1 amu に相当するエネルギー（ΔE）の計算を試みる．1 amu = 1.66054×10^{-27} kg, $c = 2.99795 \times 10^8$ m s^{-1} であるから，

$$\Delta E = 1.66054 \times 10^{-27} \times (2.99795 \times 10^8)^2 = 1.4924 \times 10^{-10} \text{ J particle}^{-1}$$
$$= 8.9875 \times 10^{10} \text{ kJ mol}^{-1}$$

が得られる．原子核の世界では扱うエネルギーが非常に大きいので，通常 J 単位よりも eV 単位が使用される．それゆえ，1 kJ mol^{-1} = 0.010364 eV を用いると（0.3節参照），

$$\Delta E = 9.31 \times 10^8 \text{ eV} = 931 \text{ MeV} \tag{9.8}$$

となる．また，この式を $^4_2$He の質量欠損 $\Delta m = 0.03038$ amu に適用すると，これは 28.3 MeV のエネルギーに相当する．すなわち，2個の陽子と2個の中性子から He の原子核になるとき，放出された 28.3 MeV のエネルギーは核の結合エネルギーとして使用されたと理解できる．通常の化学結合のエネルギーが数 eV であることを考えると，桁違いに大きいエネルギーである．いくつかの原子の質量欠損と，式（9.7）を用いて得られた結合エネルギーを表9.4に示す．

一方，質量欠損を質量数で割った値 $\Delta m/A$ は**比質量欠損**（specific mass defect）と呼ばれ，核の結合エネルギーを各核子（陽子と中性子の総称）が分担する平均値で，核における核子間結合の強さの目安になる．この平均結合エネルギーは $^{12}_6$C の 7.4 MeV, $^{16}_8$O の 8 MeV と，質量数とともに大きくなり，質量数 55-60 付近の原子（$^{56}_{26}$Fe, $^{58}_{28}$Ni など）の約 8.7 MeV で最大値（最も安定な原子核）を示す．その後，原子核はだいたい 8 MeV 程度であるが，原子番号とともに減少する傾向がある．

表 9.4 質量欠損とエネルギー

元素	核子の質量の総和 M_t[amu]	原子質量 M[amu]	質量欠損 Δm[amu]	結合エネルギー [MeV]	[kJ mol^{-1}]
$^4_2$He	4.0319 (2n+2p)	4.0026	0.0293	27.27	26.31×10^8
$^6_3$Li	6.0478 (3n+3p)	6.0151	0.0327	30.46	29.39×10^8
$^{12}_6$C	12.0957 (6n+6p)	12.000	0.0957	89.09	85.95×10^8

9.4 原子核の崩壊

原子核が大きくなって核のエネルギーが増大して不安定になると，原子核は一定の確率で崩壊して2個あるいはそれ以上の粒子に分裂する．原子核のおもな崩壊形式には，α 崩壊（α decay），β 崩壊（β decay），γ 崩壊（γ decay）などがある．

a. α 崩壊

特に安定なヘリウム原子核 ^4_2He（α 粒子）を放出する崩壊で，

$$^{238}_{92}\text{U} \longrightarrow \,^{234}_{90}\text{Th} + \,^4_2\text{He} \tag{9.9}$$

のように書ける．生成系の元素（娘の元素）は反応系の元素（親の元素）より，原子番号で2，質量数で4小さい原子番号の元素になる．α 崩壊は原子核が大きくなると容易に起こる．

b. β^- 崩壊

電子，すなわち β 粒子を放出する崩壊であり，核反応として考えると

$$^{211}_{82}\text{Pb} \longrightarrow \,^{211}_{83}\text{Bi} + \,^0_{-1}\text{e} + \nu \tag{9.10}$$

と表記される．ここで，ν は**中性微子**（neutrino）である．すなわち，中性子過剰の原子核において，中性子が陽子と電子に変換され，電子が放出するプロセスである．この反応は

$$^1_0\text{n} \longrightarrow \,^1_1\text{p} + \,^0_{-1}\text{e} + \nu \tag{9.11}$$

となる．質量数と電荷の収支を示すため，e は $^0_{-1}\text{e}$ のように質量数0と電荷-1を添字で示した．この崩壊では，質量数は変わらず，原子番号が1つ増えた元素を生成する．

c. β^+ 崩壊

陽子が過剰の原子核内で，陽子が中性子と，電子の反粒子である**陽電子**（e$^+$）(positron) に転換し，陽電子を放出する崩壊であり，以下のように示される．

$$^1_1\text{p} \longrightarrow \,^1_0\text{n} + \,^0_{+1}\text{e} + \bar{\nu} \tag{9.12}$$

$$^{11}_6\text{C} \longrightarrow \,^{11}_5\text{B} + \,^0_{+1}\text{e} + \bar{\nu} \tag{9.13}$$

ここで，質量数と電荷の収支を示すため，e$^+$ は $^0_{+1}\text{e}$ のように質量数0と電荷+1を付記した．$\bar{\nu}$ は**反中性微子**（anti-neutrino）である．それゆえ，この崩壊形式では，質量数は変わらないが，原子番号が1つ少ない元素を生成する．

d. γ 崩壊

核が高いエネルギー準位の状態から γ 線（電磁波）を放出して低い準位の状態へ遷移する崩壊で，原子番号，質量数の変化はない．核分裂，α 崩壊，β 崩壊などによって生じる原子核の多くに見られる．

e. EC 崩壊

EC は electron capture（軌道電子捕獲）の略で，軌道電子を核内に取り込む過程であり，K 殻電子で最も起こりやすい．EC 崩壊によって K 殻に生じた空孔には外側の電子殻から電子が落ち込み，特性 X 線やオージェ電子の放出などが続いて生じる．

以上のように，α 崩壊で生じた元素の原子番号は 2，質量数は 4 減少する．また，β 粒子の放出で生じる元素は，質量数は変わらないが，β^- 崩壊では原子番号は 1 大きく，β^+ 崩壊では 1 小さくなる．これを**放射性核種の変位則**（displacement law of radionuclide）と呼んでいる．

一方，Ra のように重い元素が

$$^{223}_{88}\text{Ra} \longrightarrow {}^{219}_{86}\text{Rn} \longrightarrow {}^{215}_{84}\text{Po} \longrightarrow {}^{211}_{82}\text{Pb} \longrightarrow {}^{211}_{83}\text{Bi}$$
$$\longrightarrow {}^{207}_{81}\text{Tl} \longrightarrow {}^{207}_{82}\text{Pb}（安定核）\quad (9.14)$$

のように，一連の α 崩壊と β 崩壊を繰り返して $^{207}_{82}\text{Pb}$（安定核）になる場合がある．このような**崩壊系列**（decay series）は 4 系列にまとめられている．$^{232}_{90}\text{Th}$ が 10 回の放射性崩壊を繰り返して $^{208}_{82}\text{Pb}$（安定核）になる系列はトリウム系列と呼ばれる．さらに，$^{238}_{92}\text{U}$（ウラン系列），$^{235}_{92}\text{U}$（アクチニウム系列）といった放射性元素でも逐次安定な放射性元素に変わっていき，最終的にはそれぞれ安定同位体である $^{206}_{82}\text{Pb}$ と $^{207}_{82}\text{Pb}$ になる．人工的な超ウラン元素 $^{241}_{91}\text{Pu}$（ネプツニウム系列）では $^{209}_{83}\text{Bi}$ で終わる．ウランの同位体には質量数 226〜240 まで 15 種が知られており，すべて放射性である．$^{238}_{92}\text{U}$ の半減期は約 45 億年である．放射性核種の崩壊の様子をわかりやすく表した図式に**崩壊図式**（decay scheme）があり，一般には崩壊様式，半減期，放出エネルギー，核の励起状態のエネルギー準位などがまとめて記されており，核のエネルギー変化と放射線について理解するのに便利である．図 9.1 に例を示す．核種のエネルギー状態は上下の平行線で MeV の数値を記し，核種は原子番号の順に左から右へ配列し，崩壊による状態変化は矢印によって示す．

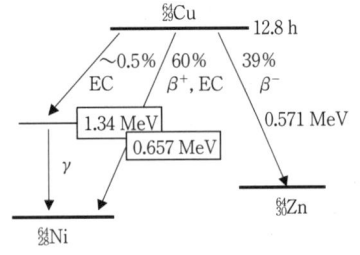

図 9.1 崩壊図式の例
化学大辞典編集委員会編，「化学大辞典 8」
（共立出版，1962）p.588．

f. 放射線の単位

ここで，放射線に関する諸単位を表 9.5 にまとめておく．

g. 原子核の寿命（半減期）

原子核崩壊は一次反応であり，放射性原子の数にのみ依存する．すなわち，ある放射性核種がある時刻に単位時間当たり崩壊する数は，その時刻における放射性原子核の数 N に比例する．

$$-dN/dt = \lambda N \quad (9.15)$$

ここで，λ は**崩壊定数**（decay constant）と呼ばれる定数である．これを積分し，$t=0$ のときの原子数を N_0 とすると，

表 9.5 放射線関連の単位

名　称	記号	単位	定義または注釈
放射能			
ベクレル Becquerel	Bq	s^{-1}	1 s 間に原子核1個が崩壊する能力，$1\,\text{Bq}=1\,\text{s}^{-1}$
キュリー Curie	Ci	3.7×10^{10} Bq	1 g の ^{226}Ra（半減期：1600年）が1 s 間に崩壊する原子核の数
照射線量			
レントゲン Röntgen	R	$2.58\times 10^{-4}\,\text{C kg}^{-1}$	X線やγ線が空気に対して有する電離能力を表す単位．レントゲンはSI単位ではない
吸収線量			
ラド rad	rad, rd	10^{-2} Gy	電離性放射線により物質が1 kg 当たり 10^{-2} J のエネルギーを吸収したときの量．ラドはSI単位ではない
グレイ gray	Gy	$\text{J kg}^{-1}, \text{m}^2\,\text{s}^{-2}$	ラドにとって代わるべき単位
線量当量			
レム rem	rem	10^{-2} Sv	レムはSI単位ではない
シーベルト sievert	Sv	$\text{J kg}^{-1}, \text{m}^2\,\text{s}^{-2}$	放射線防護関係でのみ使われるSI単位で，レムにとって代わるべき単位

$$\ln(N/N_0)=-\lambda t \quad \text{または} \quad N=N_0\exp(-\lambda t) \qquad (9.16)$$

が得られる．そこで，$N=(1/2)N_0$ になるまでの時間を**半減期** (half life) といい，同位体に固有の値である．半減期を τ で表すと，

$$1/2=\exp(-\lambda\tau) \qquad (9.17)$$

となる．ゆえに，半減期と崩壊定数の間には次式で表せる関係が得られる．

$$\tau=\ln 2/\lambda=0.693/\lambda \qquad (9.18)$$

^{226}Ra（半減期：1600年）1 g の放射能は 3.7×10^{10} Bq となることが半減期を使って確認することができる．半減期 $\tau=1600\times 365\times 24\times 60\times 60$ s であるから

$$\lambda=\ln 2/\tau=0.6932/(1600\times 365\times 24\times 60\times 60)=1.374\times 10^{-11}\,\text{s}^{-1}$$

が求まる．ここで，1 g のラジウムに含まれる原子数 N は

放射線の被曝

　胎児が一度に 10 mSv 以上の放射線を受けると奇形や知能低下の確率が高くなるとされる．がんの発生率は一度に 200 mSv 以上浴びると線量に比例して増加することがわかっている．検査で受ける平均線量は，たとえば

　　一般X線検査：0.1〜0.4 mSv（頭，胸），3.3 mSv（胃バリウム使用）
　　X線CT検査：2.4〜9.1 mSv（頭，胸），10.5〜12.9 mSv（腹）
　　集団検診：0.6 mSv（胃透視），0.06 mSv（胸撮影）

といった線量であり，また放射線は検査の部分だけにかかるので，DNA 損傷は細胞の自己修復機能によって修復される余地が十分あり，必要以上に不安になることはないとされている．

$$N = 6.022 \times 10^{23}/266 = 2.665 \times 10^{21}$$

であるので，1s 間に崩壊する原子数は

$$dN/dt = -\lambda N = -1.374 \times 10^{-11} \, [\text{s}^{-1}] \times 2.665 \times 10^{21} \, [\text{個}]$$
$$= -3.7 \times 10^{10} \, [\text{個 s}^{-1}] \qquad (9.19)$$

となる．これは定義（表 9.5）により 3.7×10^{10} Bq(1 Ci) のことである．

9.5 核 反 応

核反応 (nuclear reaction) は化学反応式と類似した核反応式で表示される．この場合，反応系と生成系を＝で結ぶのではなく，⟶ を使うのが普通である．核 A に軽い粒子 a が当たって核 B と軽い粒子 b が生成する反応式は

$$A + a \longrightarrow B + b \quad \text{または} \quad A(a, b)B \qquad (9.20)$$

のように表す．たとえば

$$^{14}_{7}\text{N} + ^{4}_{2}\text{He} \longrightarrow ^{17}_{8}\text{O} + ^{1}_{1}\text{p} \quad \text{または} \quad ^{14}_{7}\text{N}(\alpha, p)^{17}_{8}\text{O} \qquad (9.21)$$

$$^{238}_{92}\text{U} + ^{1}_{0}\text{n} \longrightarrow ^{239}_{92}\text{U} + \gamma \quad \text{または} \quad ^{238}_{92}\text{U}(n, \gamma)^{239}_{92}\text{U} \qquad (9.22)$$

のように表示される．これは，ターゲット核 $^{14}_{7}\text{N}$ に $^{4}_{2}\text{He}$ (α 粒子) を衝突させて，生成核 $^{17}_{8}\text{O}$ とプロトン $^{1}_{1}\text{p}$ を生成させる反応である．同様な表示で，(p, γ), (p, n), $(p, 2n)$, (p, α), (γ, n), (γ, α) といった多くの核反応の種類がある．

a. 核 分 裂

核分裂 (nuclear fission) は質量数の大きい原子核が同程度の質量をもつ2つあるいはそれ以上の核（**核分裂片**，fission fragment）に割れる反応で

$$^{235}_{92}\text{U} + ^{1}_{0}\text{n} \longrightarrow ^{139}_{54}\text{Xe} + ^{95}_{38}\text{Sr} + 2 \, ^{1}_{0}\text{n} \qquad (9.23)$$

$$^{235}_{92}\text{U} + ^{1}_{0}\text{n} \longrightarrow ^{135}_{53}\text{I} + ^{97}_{39}\text{Y} + 4 \, ^{1}_{0}\text{n} \qquad (9.24)$$

のような反応がある．質量欠損に対応するエネルギー放出は 200 MeV 以上であり，核分裂反応で放出エネルギーはきわめて大きい．このような核反応のエネルギーは核子1個当たり 10 MeV ($\sim 10^9$ kJ mol^{-1}) という大きさであり，化学反応の反応熱 $10 \sim 10^2$ kJ mol^{-1} に比べてきわめて大きい．たとえば，1 g の $^{235}_{92}\text{U}$ が核分裂で発生するエネルギーは 8.2×10^7 kJ g^{-1} であり，これは石油 1.8 t の燃焼エネルギーに匹敵し，石炭の $3 \times 10^6 \sim 2 \times 10^7$ 倍である．

b. 原子力発電

原子力発電では核分裂，あるいは核融合によって生じるエネルギーを利用する．制御されたエネルギーを連続的に取り出すための装置が核分裂炉や核融合炉である．核分裂炉では，核分裂によって放出され

る中性子が連続・持続的に核分裂を引き起こすように制御されねばならない．

このとき重要な役割を果たすのが中性子である．原子核と中性子の反応効率は中性子のエネルギーに強く依存する．たとえば，エネルギーが 0.025 eV 程度の中性子の波長は 1.8×10^{-8} cm で，この大きさは原子とほぼ同じ程度であるため，反応する割合も大きい．このエネルギーは室温の熱エネルギーと同程度であるので，**熱中性子**（thermal neutron）と呼ばれている．

$_{92}$U の同位体には $^{233}_{92}$U（0.0054%），$^{235}_{92}$U（0.72%），$^{238}_{92}$U（99.275%）が知られているが，**核燃料**（nuclear fuel）には $^{235}_{92}$U，$^{238}_{92}$U および $^{239}_{94}$Pu などが使用される．原子力発電は用いる核燃料，冷却方式などによって，軽水炉，重水炉，増殖炉などに分類される．このうち，軽水炉（light water reactor：LWR）は現在 80% 以上の原子力発電所で採用されている．これは $^{235}_{92}$U を核燃料とし，冷却や中性子の減速材に普通の水を使用している．しかし，水は中性子を吸収しやすいため，連続的に核反応を起こすためには，0.7% の $^{235}_{92}$U を 2〜3% に濃縮したものを使用しなければならない．

一方，重水を中性子減速材に使用した原子炉は**重水原子炉**（heavy water reactor：HWR）と呼ばれている．重水は中性子をほとんど吸収しないので，天然の $^{235}_{92}$U をそのまま使用できる利点がある．しかし，同じ出力で軽水炉と比べると原子炉が大型で，重水を使用するためコスト高になるなどの欠点がある．

$^{235}_{92}$U は熱中性子を用いるが，高速中性子（500 keV〜10 MeV）（fast neutron）を用いる方式は高速炉と呼ばれ，減速材が不要である．この炉では高速中性子で $^{235}_{92}$U を一部核分裂に使用するが，大部分は $^{238}_{92}$U に吸収させると，$^{239}_{94}$Pu に転換させる．すなわち，核燃料が増殖することから，**高速増殖炉**（fast breeding reactor：FBR）と呼ばれている．

軽い核が合体して原子核が生成する**核融合**（nuclear fusion）反応によって放出されるエネルギーも，以下に示すように種々の反応が知られている．

$$D+D \longrightarrow {}^3He+n+3.25 \text{ MeV} \tag{9.25}$$

$$D+D \longrightarrow T+p+4 \text{ MeV} \tag{9.26}$$

$$T+D \longrightarrow {}^4He+n+17.6 \text{ MeV} \tag{9.27}$$

$${}^3He+D \longrightarrow {}^4He+p+18.3 \text{ MeV} \tag{9.28}$$

$${}^6Li+D \longrightarrow 2\,{}^4He+22.4 \text{ MeV} \tag{9.29}$$

$${}^7Li+p \longrightarrow 2\,{}^4He+17.3 \text{ MeV} \tag{9.30}$$

いずれの反応も強大なエネルギーを放出することがわかる．たとえ

> **プルサーマル計画**
>
> 　日本における核燃料サイクルの柱であるプルサーマルが回り始めないと，使用済み核燃料を既存の原発内では収容しきれなくなることから，プルサーマル計画導入に向けた動きが活発化している．日本の原発では一般的な軽水炉でウランを燃やし，使用済み核燃料を再処理するとプルトニウムを取り出すことができる．このプルトニウムとウランとの混合酸化物（MOX）燃料をつくり，再び軽水炉で燃やすことでウラン資源を長持ちさせようとする計画である．国内再処理軽水炉用の MOX 燃料はいまのところ英仏などの海外の核燃料会社でしか製造できない．プルトニウムの海上輸送や原子炉の制御能力の低下の危険性を指摘する意見もある．プルトニウムは自然界にはほとんど存在しない．原爆 1 個つくるのに高濃縮ウランで約 25 kg が必要だが，プルトニウムは約 8 kg ですむといわれ，核兵器転用の危険性が高いため厳しく抑制されており，再処理施設をもっている国は，核保有国以外では日本だけである．核燃料サイクルの実現は高速増殖原子炉「もんじゅ」を中心に考えられてきたが，1995 年 12 月のナトリウム漏れ事故で運転停止になっており，余剰プルトニウム処理のためにも，プルサーマル計画の実施が期待されている．

ば，1 g の重水（D と T）の DT 核融合反応によって発生するエネルギーは石油 8 t の燃焼エネルギーに匹敵する．核融合は太陽やその他の恒星で発生しているエネルギーの主要な核反応であり，また次世代のエネルギーとして有望視されているが，人為的に核融合を連続的に起こさせるには核融合炉を数億度に持続させる必要があり，まだ実用には至っていない．

【演習問題】

1. 次の核反応を完成させよ．

1) $^{12}_{6}C + p \longrightarrow \boxed{} + \gamma$

2) $^{14}_{7}N + ^{4}_{2}He \longrightarrow ^{17}_{8}O + \boxed{} + \gamma$

3) $^{14}_{7}N + ^{1}_{0}n \longrightarrow ^{3}_{1}H + \boxed{}$

4) $^{4}_{2}He \longrightarrow ^{3}_{2}He + \boxed{}$

5) $^{22}_{10}Ne + \alpha \longrightarrow ^{25}_{12}Mg + \boxed{}$

6) $^{6}_{3}Li \longrightarrow ^{4}_{2}He + \boxed{}$ （α 崩壊）

7) $^{211}_{82}Pb \longrightarrow ^{211}_{83}Bi + \boxed{} + \nu$ （β^- 崩壊）

8) $^{1}_{0}n \longrightarrow ^{1}_{1}p + \boxed{} + \nu_e$ （β^- 崩壊）

2. 核子 1 個当たりの平均結合エネルギーは質量数の増加とともにどのように変化するか．

3. $^{235}_{92}U$ の原子核に熱中性子（平均 0.025 eV）を衝突させると，全体で 200 MeV の核分裂エネルギーを発生する．この核分裂反応における質量欠損（amu 単位）はいくらか．

4. 前問で，発生する 200 MeV の核分裂エネルギーのうち，5 MeV は

平均 2.5 個発生する高速中性子のもつエネルギーである．この高速中性子の速度を求めよ．

5． Mg の天然における同位体存在比は，^{24}Mg 78.99%，^{25}Mg 10.00%，^{26}Mg 11.01% である．また，これらの核種 ^{24}Mg，^{25}Mg および ^{26}Mg の質量をそれぞれ 23.985，24.986 および 25.9826 として，Mg の原子量を小数以下 2 位まで求めよ．

6． 以下の 4 つの放射線変位則（壊変系列）における最終生成元素をあげよ．

1) ウラン系列（$4n+2$ 系列）：$^{238}_{92}$U ⟶ ☐

2) アクチニウム系列（$4n+3$ 系列）：$^{238}_{92}$U ⟶ ☐

3) トリウム系列（$4n$ 系列）：$^{232}_{90}$Th ⟶ ☐

4) ネプツニウム系列（$4n+1$ 系列）：$^{237}_{93}$Nb ⟶ ☐

付　　録

付録1　無機化合物の命名法

1. 無機化合物の化学式と命名法

〈化学式のつくり方〉

1) 電気的陽性元素（陽イオン）を前に書き，電気的陰性元素（陰イオン）は後に書く．陽イオンあるいは陰イオンが複数の場合は，それぞれ中の順序はアルファベット順とする．この場合，1文字の元素記号は2文字の前になる（例：BはBeより前）．記号が同じならば，単原子イオンは多原子イオンよりも前になる（例：O^{2-}はOH^-よりも前）．

　　（例）　KCl, $CaSO_4$, $KMgF_4$, $FeO(OH)$

2) 2種類の「非金属元素」からなる二元化合物の場合は，以下の系列（左ほど陽性）の前の元素を先に書く．

　　B, Si, C, Sb, As, P, N, H, Te, Se, S, I, Br, Cl, O, F　（Oの位置に注意）

　　（例）　NH_3, H_2S, Cl_2O, S_2Cl_2, OF_2

3) 1つの中心原子に2種以上の原子または原子団が結合しているとき，中心原子を先に書き，それ以外の原子または原子団を元素記号のアルファベット順に並べる．

　　（例）　PBr_2Cl, $SbCl_2F$, PCl_3O, $MgCl(OH)$

ただし，酸の場合はHを先に書く．また，分子の一部が原子団のとき，この規則の例外となる．

　　（例）　H_2SO_4, H_3PO_4, H_2PtCl_6, $POCl_3$

〈化合物の日本語名称〉

1) 電気的陰性部分が単原子あるいは簡単な原子団の場合，「陰性部分の名称」＋化＋「陽性部分の名称」とする．

　　（例）　$NaCl$：塩化ナトリウム，Ca_3P_2：リン化カルシウム，ClO_2：二酸化塩素

2) 電気的陰性部分が異種多原子のときには，「陰性部分の名称」＋酸＋「陽性部分の名称」とするが，例外も多い．

　　（例）　$KCNS$：チオシアン酸カリウム，Na_2SO_4：硫酸ナトリウム

　　（例外）　$NaOH$：水酸化ナトリウム，KCN：シアン化カリウム

また，陽イオンあるいは陰イオンが2種類以上あるとき，陽イオンに近い陰イオンから呼び，ついで陰イオンに近い陽イオンを呼ぶ．

　　（例）　$KMgF_3$：フッ化マグネシウムカリウム，$Na_6ClF(SO_4)_2$：塩化フッ化ビス（硫酸）六ナトリウム

3) 名称は化学式に従って，できるだけ成分とそれらの比を示すようにする．元素の成分比は漢数字一，二，三，…などを用いる．

 (例) NO_2：二酸化窒素，N_2O_4：四酸化二窒素，P_2O_5：五酸化二リン，MnO_2：二酸化マンガン

また，金属元素の酸化数をローマ数字で示して表示する場合もある．ただし，周期表の第1，2族やAl，Gaなどの原子価が変わらない元素の酸化数は入れなくてよい．

 (例) $FeCl_2$：塩化鉄(II)，MnO_2：酸化マンガン(IV)，$K_4[Fe(CN)_6]$：ヘキサシアノ鉄(II)酸カリウム

4) 数詞で始まる場合を含め複雑な原子団の数を示すときはビス(bis)，トリス(tris)，テトラキス(tetrakis)などの数詞を用いる．

 (例) $Ca_3(PO_4)_2$：ビス(オルトリン酸)三カルシウム，$Ca(PCl_6)_2$：ビス(ヘキサクロロリン酸)カルシウム

5) 酸性塩では陰イオン名の後に水素という語を入れ，必要ならば水素数を示す．

 (例) NaH_2PO_4：リン酸二水素ナトリウム

2. 配位化合物(錯体)の命名法

〈化学式の書き方〉

1) 配位化合物(錯体)の化学式は錯体部分を [ ] で囲む．[ ] に入れた錯体部分は，まず金属元素を最初に，次に陰イオン性の配位子，最後に中性の配位子を書く．またそれぞれの分類の中では，配位子の化学式中の元素記号の先頭文字のアルファベット順に並べる．

 (例) $[CoCl(NH_3)_5]SO_4$：ペンタアンミンクロロコバルト(III)硫酸塩

有機配位子の場合，C，H原子のみのものはCの位置，その他の原子を含むものはそのヘテロ原子の記号のアルファベット順の位置に置く．たとえば，$P(C_2H_5)_3$，C_5H_5NはそれぞれPおよびNの位置に置く．

2) 中心原子の酸化数を表示する場合には，原子記号の右肩にローマ数字をつける場合もある．

 (例) $[Fe^{II}(CN)_6]^{4-}$

また，文章中では元素名と元素記号に酸化数をつけるときは，コバルト(III)，Fe(II)のようにする．

〈配位化合物の日本語名称〉

配位子が複数ある場合，陰イオンか中性かの区別なく，アルファベット順に呼び，最後に中心原子名を置く．この場合，数詞の有無は呼び順には無関係である．

 (例) $[CoBrCl(NH_3)_4]^+$：テトラアンミンブロモクロロコバルト(III)イオン

2) 中性配位子のH_2OとNH_3は，特別な配位子名として，それぞれアクア(aqua)，アンミン(ammine)を用いる．また，配位子としてのNO，COもそれぞれ，ニトロシル(nitrosyl)，カルボニル(carbonyl)という配位子独特の名称を用いる(酸化数は0)．

3) 陰イオンを配位子として使用するとき，その配位子の英語名称は陰イオンの英語名称の語尾のeをoに変えて用いる．また，配位子の日本名はその英語をローマ字読みにする．

(例)

	陰イオンの名称	配位子の名称
NH^{2-}	アミド (amide)	アミド (amido)
N^{3-}	アジ化物イオン (azide)	アジド (azido)
$CH_3CO_2^-$	酢酸イオン (acetate)	アセタト (acetato)
CO_3^{2-}	炭酸イオン (carbonate)	カルボナト (carbonato)

4) 以下に示すいくつかのイオン性配位子には慣用名が用いられる．

	陰イオンの名称	配位子の名称
F^-	フッ化物イオン (fluoride)	フルオロ (fluoro)
OH^-	水酸化物イオン (hydroxide)	ヒドロキソ (hydroxo)
CN^-	シアン化物イオン (cyanide)	シアノ (cyano)
O^{2-}	酸化物イオン (oxide)	オキソ (oxo)

5) 錯体の陽イオンおよび錯体分子中の中心原子名は元素のままで変化しないが，錯体の陰イオン中では「…酸」となる．

(例) $[CoCl(NH_3)_5]Cl_2$：ペンタアンミンクロロコバルト(III)塩化物
 $K_2[PdCl_4]$：テトラクロロパラジウム(II)酸カリウム

日本化学会編「化合物命名法」（補訂7版，2000）より抜粋

付録2 固有の名称と記号をもつSI組立単位の例

物理量	SI単位の名称	記号	SI基本単位による表現
周波数・振動数	ヘルツ	Hz	s^{-1}
力	ニュートン	N	$m\,kg\,s^{-2}$
圧力，応力	パスカル	Pa	$m^{-1}\,kg\,s^{-2}\ (=N\,m^{-2})$
エネルギー（仕事，熱量）	ジュール	J	$m^2\,kg\,s^{-2}$
仕事率	ワット	W	$m^2\,kg\,s^{-3}\ (=J\,s^{-1})$
電荷・電気量	クーロン	C	$s\,A$
電位差（電圧）	ボルト	V	$m^2\,kg\,s^{-3}\,A^{-1}\ (=J\,C^{-1})$
電気容量	ファラド	F	$m^{-2}\,kg^{-1}\,s^4\,A^2\ (=J\,V^{-1})$
電気抵抗	オーム	Ω	$m^2\,kg\,s^{-3}A^{-2}\ (=J\,A^{-1})$
コンダクタンス	ジーメンス	S	$m^{-2}\,kg^{-1}\,s^3\,A^2\ (=\Omega^{-1})$
磁束	ウェーバ	Wb	$m^2\,kg\,s^{-2}A^{-1}\ (=V\,s)$
磁束密度	テスラ	T	$kg\,s^{-2}\,A^{-1}\ (=V\,s\,m^{-2})$
インダクタンス	ヘンリー	H	$m^2\,kg\,s^{-2}A^{-2}\ (=V\,A^{-1}\,s)$

付録3　10の整数乗倍を表すSI接頭語

名　称	記　号	大きさ
ペタ (peta)	P	10^{15}
テラ (tera)	T	10^{12}
ギガ (giga)	G	10^{9}
メガ (mega)	M	10^{6}
キロ (kilo)	k	10^{3}
ヘクト (hecto)	h	10^{2}
デカ (deca)	da	10^{1}
		10^{0} $(=1)$
デシ (deci)	d	10^{-1}
センチ (centi)	c	10^{-2}
ミリ (milli)	m	10^{-3}
マイクロ (micro)	μ	10^{-6}
ナノ (nano)	n	10^{-9}
ピコ (pico)	p	10^{-12}
フェムト (femto)	f	10^{-15}

付録4　基礎物理定数の値

物理量	記号	数値	単位
真空の透磁率	μ_0	$4\pi \times 10^{-7}$	$N\,A^{-2}$
真空中の光速度	c, c_0	299 792 458	$m\,s^{-1}$
真空の誘電率	ε_0	8.854188×10^{-12}	$F\,m^{-1}$
電気素量	e	$1.6021733 \times 10^{-19}$	C
プランク定数	h	$6.6260755 \times 10^{-34}$	$J\,s$
アボガドロ定数	N_A, L	6.0221367×10^{23}	mol^{-1}
電子の静止質量	m_e	$9.1093897 \times 10^{-31}$	kg
陽子の静止質量	m_p	$1.6726231 \times 10^{-27}$	kg
中性子の静止質量	m_n	$1.6749286 \times 10^{-27}$	kg
ボーア半径	a_0	5.291772×10^{-11}	m
ボーア磁子	μ_B	$9.2740154 \times 10^{-24}$	$J\,T^{-1}$
ファラデー定数	F	9.6485309×10^{4}	$C\,mol^{-1}$
リュードベリ定数	R_∞	1.09737315×10^{7}	m^{-1}
気体定数	R	8.314510	$J\,K^{-1}\,mol^{-1}$
ボルツマン定数	k, k_B	1.380658×10^{-23}	$J\,K^{-1}$

日本化学会　単位・記号小委員会から引用

付録5　ギリシャ文字の読み方

大文字	小文字	読み方	大文字	小文字	読み方
A	α	アルファ	N	ν	ニュー
B	β	ベータ	Ξ	ξ	グザイ
Γ	γ	ガンマ	O	o	オミクロン
Δ	δ	デルタ	Π	π	パイ
E	ε	イプシロン	P	ρ	ロー
Z	ζ	ゼータ	Σ	σ	シグマ
H	η	イータ	T	τ	タウ
Θ	θ	シータ	Υ	υ	ウプシロン
I	ι	イオタ	Φ	ϕ	ファイ
K	κ	カッパ	X	χ	カイ
Λ	λ	ラムダ	Ψ	ψ	プサイ
M	μ	ミュー	Ω	ω	オメガ

付録6　元素の電子配置

原子番号	元素	電子配置	原子番号	元素	電子配置
1	H	$1s^1$	54	Xe	$[Kr]4d^{10}5s^25p^6$
2	He	$1s^2$	55	Cs	$[Xe]6s^1$
3	Li	$[He]2s^1$	56	Ba	$[Xe]6s^2$
4	Be	$[He]2s^2$	57	La	$[Xe]5d^16s^2$
5	B	$[He]2s^22p^1$	58	Ce	$[Xe]4f^15d^16s^2$
6	C	$[He]2s^22p^2$	59	Pr	$[Xe]4f^36s^2$
7	N	$[He]2s^22p^3$	60	Nd	$[Xe]4f^46s^2$
8	O	$[He]2s^22p^4$	61	Pm	$[Xe]4f^56s^2$
9	F	$[He]2s^22p^5$	62	Sm	$[Xe]4f^66s^2$
10	Ne	$[He]2s^22p^6$	63	Eu	$[Xe]4f^76s^2$
11	Na	$[Ne]3s^1$	64	Gd	$[Xe]4f^75d^16s^2$
12	Mg	$[Ne]3s^2$	65	Tb	$[Xe]4f^96s^2$
13	Al	$[Ne]3s^23p^1$	66	Dy	$[Xe]4f^{10}6s^2$
14	Si	$[Ne]3s^23p^2$	67	Ho	$[Xe]4f^{11}6s^2$
15	P	$[Ne]3s^23p^3$	68	Er	$[Xe]4f^{12}6s^2$
16	S	$[Ne]3s^23p^4$	69	Tm	$[Xe]4f^{13}6s^2$
17	Cl	$[Ne]3s^23p^5$	70	Yb	$[Xe]4f^{14}6s^2$
18	Ar	$[Ne]3s^23p^6$	71	Lu	$[Xe]4f^{14}5d^16s^2$
19	K	$[Ar]4s^1$	72	Hf	$[Xe]4f^{14}5d^26s^2$
20	Ca	$[Ar]4s^2$	73	Ta	$[Xe]4f^{14}5d^36s^2$
21	Sc	$[Ar]3d^14s^2$	74	W	$[Xe]4f^{14}5d^46s^2$
22	Ti	$[Ar]3d^24s^2$	75	Re	$[Xe]4f^{14}5d^56s^2$
23	V	$[Ar]3d^34s^2$	76	Os	$[Xe]4f^{14}5d^66s^2$
24	Cr	$[Ar]3d^54s^1$	77	Ir	$[Xe]4f^{14}5d^76s^2$
25	Mn	$[Ar]3d^54s^2$	78	Pt	$[Xe]4f^{14}5d^96s^1$
26	Fe	$[Ar]3d^64s^2$	79	Au	$[Xe]4f^{14}5d^{10}6s^1$
27	Co	$[Ar]3d^74s^2$	80	Hg	$[Xe]4f^{14}5d^{10}6s^2$
28	Ni	$[Ar]3d^84s^2$	81	Tl	$[Xe]4f^{14}5d^{10}6s^26p^1$
29	Cu	$[Ar]3d^{10}4s^1$	82	Pb	$[Xe]4f^{14}5d^{10}6s^26p^2$
30	Zn	$[Ar]3d^{10}4s^2$	83	Bi	$[Xe]4f^{14}5d^{10}6s^26p^3$
31	Ga	$[Ar]3d^{10}4s^24p^1$	84	Po	$[Xe]4f^{14}5d^{10}6s^26p^4$
32	Ge	$[Ar]3d^{10}4s^24p^2$	85	At	$[Xe]4f^{14}5d^{10}6s^26p^5$
33	As	$[Ar]3d^{10}4s^24p^3$	86	Rn	$[Xe]4f^{14}5d^{10}6s^26p^6$
34	Se	$[Ar]3d^{10}4s^24p^4$	87	Fr	$[Rn]7s^1$
35	Br	$[Ar]3d^{10}4s^24p^5$	88	Ra	$[Rn]7s^2$
36	Kr	$[Ar]3d^{10}4s^24p^6$	89	Ac	$[Rn]6d^17s^2$
37	Rb	$[Kr]5s^1$	90	Th	$[Rn]6d^27s^2$
38	Sr	$[Kr]5s^2$	91	Pa	$[Rn]5f^26d^17s^2$
39	Y	$[Kr]4d^15s^2$	92	U	$[Rn]5f^36d^17s^2$
40	Zr	$[Kr]4d^25s^2$	93	Np	$[Rn]5f^46d^17s^2$
41	Nb	$[Kr]4d^45s^1$	94	Pu	$[Rn]5f^67s^2$
42	Mo	$[Kr]4d^55s^2$	95	Am	$[Rn]5f^77s^2$
43	Tc	$[Kr]4d^55s^2$	96	Cm	$[Rn]5f^76d^17s^2$
44	Ru	$[Kr]4d^75s^1$	97	Bk	$[Rn]5f^97s^2$
45	Rh	$[Kr]4d^85s^1$	98	Cf	$[Rn]5f^{10}7s^2$
46	Pd	$[Kr]4d^{10}$	99	Es	$[Rn]5f^{11}7s^2$
47	Ag	$[Kr]4d^{10}5s^1$	100	Fm	$[Rn]5f^{12}7s^2$
48	Cd	$[Kr]4d^{10}5s^2$	101	Md	$[Rn]5f^{13}7s^2$
49	In	$[Kr]4d^{10}5s^25p^1$	102	No	$[Rn]5f^{14}7s^2$
50	Sn	$[Kr]4d^{10}5s^25p^2$	103	Lr	$[Rn]5f^{14}6d^17s^2$
51	Sb	$[Kr]4d^{10}5s^25p^3$	104	Rf	$[Rn]5f^{14}6d^27s^2$
52	Te	$[Kr]4d^{10}5s^25p^4$	105	Db	$[Rn]5f^{14}6d^37s^2$
53	I	$[Kr]4d^{10}5s^25p^5$	106	Sg	$[Rn]5f^{14}6d^47s^2$

付録7 イオン半径 [pm]

イオン	E.C.	C.N.	半径	イオン	E.C.	C.N.	半径	イオン	E.C.	C.N.	半径
Ac^{3+}	6p6	VI	112	Cd^{2+}	4d10	V	87	Dy^{2+}	4f10	VII	113
Ag^+	4d10	II	67			VI	95			VIII	119
		IV	100			VII	103	Dy^{3+}	4f9	VI	91.2
		IV	102			VIII	110			VII	97
		V	109			XII	131			VIII	102.7
		VI	115	Ce^{3+}	6s1	VI	101			IX	108.3
		VII	122			VII	107	Er^{3+}	4f11	VI	89
		VIII	128			VIII	114			VII	94.5
Ag^{2+}	4d9	IV	79			IX	120			VIII	100.4
		VI	94			X	125			IX	106.3
Al^{3+}	2p6	IV	39			XII	134	Eu^{2+}	4f7	VI	117
		V	48	Ce^{4+}	5p6	VI	87			VII	120
		VI	53.5			VIII	97			VIII	125
As^{3+}	4s2	VI	58			X	107			IX	130
As^{5+}	3d10	IV	33.5			XII	114			X	135
		VI	46	Cl^-	3p6	VI	181	F^-	2p6	II	128.5
At^{7+}	5d10	VI	62	Cl^{5+}	3s2	III	12			III	130
Au^+	5d10	VI	137	Cl^{7+}	2p6	IV	8			IV	131
Au^{3+}	5d8	IV	68			VI	27			VI	133
		VI	85	Co^{2+}	3d7	IV	58	F^{7+}	1s2	VI	8
Au^{5+}	5d6	VI	57			V	67	Fe^{2+}	3d6	IV	63
B^{3+}	1s2	III	1			VI LS	65			IV	64
		IV	11			HS	74.5			VI LS	61
		VI	27			VIII	90			HS	78
Ba^{2+}	5p6	VI	135	Co^{3+}	3d6	VI LS	54.5			VIII	92
		VII	138			HS	61	Fe^{3+}	3d5	IV	49
		VIII	142	Co^{4+}	3d5	IV	40			V	58
		IX	147			VI	53			VI LS	55
		X	152	Cr^{2+}	3d4	VI LS	73			HS	64.5
		XI	157			HS	80			VIII	78
		XII	161	Cr^{3+}	3d3	VI	61.5	Fe^{4+}	3d4	VI	58.5
Be^{2+}	1s2	III	16	Cr^{4+}	3d2	IV	41	Fe^{6+}	3d2	IV	25
		IV	27			VI	55	Fr^+	6p6	VI	180
		VI	45	Cr^{5+}	3d1	IV	34.5	Ga^{3+}	3d10	IV	47
Bi^{3+}	4s2	V	96			VI	49			V	55
		VI	103			VIII	57			VI	62
		VIII	117	Cr^{6+}	3p6	IV	26	Gd^{3+}	4f7	VI	93.8
Bi^{5+}	5d10	VI	76			VI	44			VII	100
Br^-	4p6	VI	196	Cs^+	5p6	VI	167			VIII	105.3
Br^{3+}	4p2	IV	59			VIII	174			IX	110.7
Br^{5+}	4s2	III	31			IX	178	Ge^{2+}	4s2	VI	73
Br^{7+}	3d10	IV	25			X	181	Ge^{4+}	3d10	IV	39.0
		VI	39			XI	185			VI	53.0
C^{4+}	1s2	IV	15			XII	188	H^+	1s0		
		VI	16	Cu^+	3d10	II	46				
Ca^{2+}	3p6	IV	100			IV	60	Hf^{4+}	4f14	IV	58
		VII	106			VI	77			VI	71
		VIII	112	Cu^{2+}	3d9	IV	57			VII	76
		IX	118			V	65			VIII	83
		X	123			VI	73	Hg^+	6s1	III	97
		XII	134	Cu^{3+}	3d8	VI	54			VI	119
Cd^{2+}	4d10	IV	78	Dy^{2+}	4f10	VI	107	Hg^{2+}	5d10	II	69

イオン	E.C.	C.N.	半径	イオン	E.C.	C.N.	半径	イオン	E.C.	C.N.	半径
Hg^{2+}	5d10	IV	96	Mn^{7+}	3p6	VI	46	Os^{8+}	5p6	IV	39
		VI	102	Mo^{3+}	4d3	VI	69	P^{3+}	3s2	VI	44
		VIII	114	Mo^{4+}	4d2	VI	65.0	P^{5+}	2p6	IV	17
Ho^{3+}	4f10	VI	90.1	Mo^{5+}	4d1	IV	46			V	29
		VIII	101.5			VI	61			VI	38
		IX	107.2	Mo^{6+}	4p6	IV	41	Pb^{2+}	6s2	IV	98
		X	112			V	50			VI	119
I^{-}	5p6	VI	220			VI	59			VII	123
I^{5+}	5s2	III	44			VII	73			VIII	129
		VI	95	N^{3-}	2p6	IV	146			IX	135
I^{7+}	4d10	IV	42	N^{3+}	2s2	VI	16			X	140
		VI	53	N^{5+}	1s2	III				XI	145
In^{3+}	4d10	IV	62			VI	13			XII	149
		VI	80.0	Na^{+}	2p6	IV	99	Pb^{4+}	5d10	IV	65
		VIII	92			V	100			V	73
Ir^{3+}	5d6	VI	68			VI	102			VI	77.5
Ir^{4+}	5d5	VI	62.5			VII	112			VIII	94
Ir^{5+}	5d4	VI	57			VIII	118	Pd^{+}	4d9	II	59
K^{+}	3p6	IV	137			IX	124	Pd^{2+}	4d8	IV	64
		VI	138			XII	139			VI	86
		VII	146	Nb^{3+}	4d2	VI	72	Pd^{3+}	4d7	VI	76
		VIII	151	Nb^{4+}	4d1	VI	68	Pd^{4+}	4d6	VI	61.5
		IX	155			VIII	79	Pm^{3+}	4f4	VI	97
		X	159	Nb^{5+}	4p6	IV	48			VIII	109.3
		XII	164			VI	64			IX	114.4
La^{3+}	4d10	VI	103.2			VII	69	Po^{4+}	6s2	VI	94
		VII	110			VIII	74			VIII	108
		VIII	116.0	Nd^{2+}	4f4	VIII	129	Po^{6+}	5d10	VI	67
		IX	121.6			IX	135	Pr^{3+}	4f2	VI	99
		X	127	Nd^{3+}	4f3	VI	98.3			VIII	112.6
		XII	130			VIII	110.9			IX	117.9
Li^{+}	1s2	IV	59.0			IX	116.3	Pr^{4+}	4f1	VI	85
		VI	76			XII	127			VIII	96
		VIII	92	Ni^{2+}	3d8	IV	55	Pt^{2+}	5d8	IV	60
Lu^{3+}	4f14	VI	86.1			IV	49			VI	80
		VIII	97.7			V	63	Pt^{4+}	5d6	VI	62.5
		IX	103.2			VI	69.0	Pt^{5+}	5d5	VI	57
Mg^{2+}	2p6	IV	57	Ni^{3+}	3d7	VI LS	56	Ra^{2+}	6p6	VIII	148
		V	66			HS	60			XII	170
		VI	72.0	Ni^{4+}	3d6	VI	48	Rb^{+}	4p6	VI	152
		VIII	89	O^{2-}	2p6	II	135			VII	156
Mn^{2+}	3d5	IV	66			III	136			VIII	161
		V	75			IV	138			IX	163
		VI LS	67			VI	140			X	166
		HS	83.0			VIII	142			XI	169
		VII	90	OH^{-}		II	135			XII	172
		VIII	96			III	136	Re^{4+}	5d3	VI	63
Mn^{3+}	3d4	V	58			IV	138	Re^{5+}	5d2	VI	58
		VI LS	58			VI	140	Re^{6+}	5d1	VI	55
		HS	64.5			VIII	142	Re^{7+}	5p6	IV	38
Mn^{4+}	3d3	IV	39	Os^{4+}	5d4	VI	630			VI	53
		VI	53.0	Os^{5+}	5d3	VI	57.5	Rh^{3+}	4d6	VI	66.5
Mn^{5+}	3d2	IV	33	Os^{6+}	5d2	V	49	Rh^{4+}	4d5	VI	60
Mn^{6+}	3d1	IV	25.5			VI	54.5	Rh^{5+}	4d4	VI	55
Mn^{7+}	3p6	IV	25	Os^{7+}	5d1	VI	52.5	Ru^{3+}	4d5	VI	68

イオン	E.C.	C.N.	半径	イオン	E.C.	C.N.	半径	イオン	E.C.	C.N.	半径
Ru^{4+}	4d4	VI	62.0	Sr^{2+}	4p6	XII	144	U^{5+}	5f1	VII	84
Ru^{5+}	4d3	VI	56.5	Ta^{3+}	5d2	VI	72	U^{6+}	6p6	II	45
Ru^{7+}	4d1	IV	38	Ta^{4+}	5d1	VI	68			IV	52
Ru^{8+}	4p6	VI	36	Ta^{5+}	5p6	VI	64			VI	73
S^{2-}	3p6	VI	184			VII	69			VII	81
S^{4+}	3s2	VI	37			VIII	74			VIII	86
S^{6+}	2p6	IV	12	Tb^{4+}	4f7	VI	76	V^{2+}	3d3	VI	79
		VI	29			VIII	88	V^{3+}	3d2	VI	64.0
Sb^{3+}	5s2	IV	76	Tc^{4+}	4d3	VI	64.5	V^{4+}	3d1	V	53
		V	80	Tc^{5+}	4d2	VI	60			VI	58
		VI	76	Tc^{7+}	4p6	IV	37			VIII	72
Sc^{3+}	3p6	VI	74.5			VI	56	V^{5+}	3p6	IV	35.5
		VIII	87.0	Te^{2-}	5p6	VI	221			V	46
Se^{2-}	4p6	VI	198	Te^{4+}	5s2	III	52			VI	54
Se^{4+}	4s2	VI	50			IV	66	W^{4+}	5d2	VI	66
Se^{6+}	3d10	IV	28			VI	97	W^{5+}	5d1	VI	62
		VI	42	Te^{6+}	4d10	IV	43	W^{6+}	5p6	IV	42
Si^{4+}	2p6	IV	26			VI	56			V	51
		VI	40.0	Ti^{2+}	3d2	VI	86			VI	60
Sm^{2+}	4f6	VII	122	Ti^{3+}	3d1	VI	67.0	Xe^{8+}	4d10	IV	40
		VIII	127	Ti^{4+}	3p6	IV	42			VI	48
		IX	132			V	51	Y^{3+}	4p6	VI	90.0
Sm^{3+}	4f5	VI	95.8			VI	60.5			VII	96
		VII	102			VIII	74			VIII	101.9
		VIII	107.9	Tl^{+}	6s2	VI	150			IX	107.5
		IX	113.2			VIII	159	Yb^{2+}	4f14	VI	102
		XII	124			XII	170			VII	108
Sm^{4+}	4d10	IV	55	Tl^{3+}	5d10	IV	75			VIII	114
		X	62			VI	88.5	Yb^{3+}	4f13	VI	86.8
		VI	69.0			VIII	98			VII	92.5
		VII	75	Tm^{2+}	4f13	VI	103			VIII	98.5
		VIII	81			VII	109			IX	104.2
Sn^{4+}	4d10	IV	55	Tm^{3+}	4f12	VI	88.0	Zn^{2+}	3d10	IV	60
		V	62			VIII	99.4			V	68
		VI	69.0			IX	105.2			VI	74.0
		VII	75	U^{3+}	5f3	VI	102.5			VIII	90
		VIII	81	U^{4+}	5f2	VI	89	Zr^{4+}	4p6	IV	59
Sr^{2+}	4p6	VI	118			VII	95			V	66
		VII	121			VIII	100			VI	72
		VIII	126			IX	105			VII	78
		IX	131			XII	117			VIII	84
		X	136	U^{5+}	5f1	VI	76			IX	89

注) EC：最外殻電子配置
CN：配位数
LS：低スピン型
HS：高スピン型

R. D. Shannon, *Acta Cryst.*, A32, 751, 1976 より

演習問題解答

序章

1. 1) 0.128 nm 2) 2.22 Å
3) 1 ft＝30.48 cm, 1 in＝2.54 cm であるから, $(6\times30.48)+(10\times2.54)=208.28$ cm

2. ベアリングの半径を r とすると, $2\pi r=32.5$ から,
$$r=0.5173 \text{ cm}$$
体積は $V=(4/3)\pi\times(0.5173)^3=0.5799$ cm^3
密度＝4.20/0.5799＝7.24 g cm^{-3}

3. 1) 40 km h^{-1} は $40\times10^3/3600=11.1$ m s^{-1} である. 運動エネルギーは $mv^2/2$ であるから
$$900\times11.1^2/2=5.56\times10^4 \text{ J}$$
2) 60 km h^{-1} は $60\times10^3/3600=16.7$ m s^{-1} である. このときの運動エネルギーは
$$900\times16.7^2/2=12.50\times10^4 \text{ J}$$
ゆえに, $(12.50-5.56)\times10^4=6.94\times10^4$ J
3) 運動エネルギーを 0 にするのに必要な仕事であるから, 2) より 12.50×10^4 J である.

4. 1) 1 s 間に発生する熱量が 100 J であるから, 10 s 間では 1 000 J
2) x[s] かかるとして
$$100x=(60-20)\times100\times4.2$$
$$x=168 \text{ s}$$

第1章

1. 1) $E=h\nu=6.626\times10^{-34}\times3.6\times10^{10}=2.385\times10^{-23}$ J photon^{-1}
2) $\nu=c/\lambda=2.998\times10^8/1.3\times10^{-10}=2.306\times10^{18}$ s^{-1}
$E=6.626\times10^{-34}\times2.306\times10^{18}=1.528\times10^{-15}$ J photon^{-1}

2. 波長が 58.4 nm である紫外線のエネルギー
$E=hc/\lambda=6.626\times10^{-34}\times2.998\times10^8/58.4\times10^{-9}$
$=3.401\times10^{-18}$ J photon^{-1}
このエネルギーがイオン化に使われ, さらに電子の運動エネルギーになったと考えると,
イオン化エネルギー
$=3.401\times10^{-18}-9.109\times10^{-31}\times(1.59\times10^6)^2/2$
$=3.401\times10^{-18}-1.151\times10^{-18}=2.25\times10^{-18}$ J photon^{-1}

3. 式 (1.21) において, $R'=2.179\times10^{-18}$ J photon$^{-1}=1313$ kJ mol^{-1}
1) $n=3 \to n=2$ のとき
$\Delta E=-1313\left(\dfrac{1}{3^2}-\dfrac{1}{2^2}\right)=3.03\times10^{-19}$ J photon^{-1}
$=182$ kJ mol^{-1}
$\lambda=6.626\times10^{-34}\times2.998\times10^8/3.03\times10^{-19}=6.56\times10^{-7}$ m
2) $n=4 \to n=3$
$\Delta E=1.06\times10^{-19}$ J＝63.8 kJ mol^{-1}
$\lambda=1.87\times10^{-6}$ m
3) $n=5 \to n=4$
$\Delta E=4.90\times10^{-20}$ J photon$^{-1}=29.5$ kJ mol^{-1}
$\lambda=4.05\times10^{-6}$ m

4. 1) 加速電圧 V により, 電子の速度を v とすると
$$eV=mv^2/2$$
ここで, ド・ブロイの式 $\lambda=h/mv$ から, $v=h/m\lambda$ が得られ, これを上式に代入すると次のように得られる.
$$\lambda=\frac{h}{\sqrt{2meV}}$$
2) $\lambda=6.626\times10^{-34}/(2\times9.109\times10^{-31}\times1.602\times10^{-19}\times20\times10^3)^{1/2}=8.673\times10^{-12}$ m
3) $E=hc/\lambda=6.626\times10^{-34}\times2.998\times10^8/8.673\times10^{-12}$
$=2.290\times10^{-14}$ J photon$^{-1}=1.379\times10^{10}$ J mol^{-1}

5. 波長が 700 nm の光子 1 個のエネルギーは
$E=hc/\lambda=6.626\times10^{-34}\times2.998\times10^8/700\times10^{-9}$
$=2.838\times10^{-19}$ J photon^{-1}
2.0×10^{-17} J のエネルギーを必要とするから, 必要な光子数を n とすると
$$n=2.0\times10^{-17}/2.838\times10^{-19}=70.4 \text{ 個}$$
同様に波長が 475 nm の場合, 光子 1 個当たりのエネルギーは 4.182×10^{-19}
$$n=2.0\times10^{-17}/4.182\times10^{-19}=47.8 \text{ 個}$$

6. 1) 2 2) 10 3) 6 4) 14

7. 1) 4d, $m_l=-2, -1, 0, +1, +2$
2) 5p, $m_l=-1, 0, +1$
3) 6f, $m_l=-3, -2, -1, 0, +1, +2, +3$ 4) 3s, $m_l=0$

第2章

1. 式 (2.1) を用いる.

2. p 軌道は $l=1$ であるので, $m_l=-1, 0, +1$ となり, 各軌道に $\pm1/2$ の電子が入れる. d 軌道は $l=2$ であるので, $m_l=-2, -1, 0, +1, +2$ となり, 各軌道に $\pm1/2$ が入れるから.

3. 許されない. $m_l=-3, -2, -1, 0, +1, +2, +3$ しかとれない.

4. 1) $_6$C : $1s^22s^22p^2$ 2) $_9$F : $1s^22s^22p^5$
3) $_{20}$Ca : $1s^22s^2\,2p^63s^23p^64s^2\equiv$[Ar]$4s^2$
4) $_{83}$Bi : [Xe]$4f^{14}5d^{10}6s^26p^3$ 5) $_{82}$Pb^{2+} : [Xe]$4f^{14}5d^{10}6s^2$

5. 1) $_{22}$Ti : [Ar]$3d^24s^2$ 2) $_{22}$Ti^{2+} : [Ar]$3d^2$ 3) $_{23}$V : [Ar]$3d^34s^2$ 4) $_{23}$V^{3+} : [Ar]$3d^2$ 5) $_{28}$Ni : [Ar]$3d^84s^2$
6) $_{28}$Ni^{2+} : [Ar]$3d^8$ 7) $_{42}$Mo : [Kr]$4d^55s^1$ 8) $_{42}$Mo^{3+} : [Kr]$4d^3$

6. 1) 正 2) 正（原子半径が小さい 2 族金属の方が強い金属結合になる.） 3) 正 4) 正 5) 正 6) 誤

7. 1) 原子サイズのきわめて小さいこと, 比較的高い電気陰性度による. 2) 省略 3) 省略 4) 省略 5) 省略 6) 0 と +4 7) 電気陰性度；H＜N＜F なので −3 と +3

第3章

1. 共有結合半径，イオン半径，金属結合半径
2. 省略（本文参照）
3. 省略（本文参照）
4. $5\,252$ kJ mol^{-1}
5. 内側の電子による遮へい効果を完全とした水素原子モデルでは
$$E_1 = -1313Z^2/n^2 = -1313\times(1)^2/(3)^2 \fallingdotseq -150 \text{ kJ mol}^{-1}$$
有効核電荷数で計算すると
$$E_1 = -1313Z_{\text{eff}}^2/(3)^2 = -1313\times(2.2)^2/(3)^2$$
$$\fallingdotseq -700 \text{ kJ mol}^{-1}$$
6. d電子は最大10個入るから．
7. 省略（本文参照）
8. Fe^{2+}/Fe($E°=-0.44$ V)，O$_2$/H$_2$O($E°=1.229$ V)
したがって，Fe$^{2+}\to$Feによる H$_2$O の還元は Fe^{2+}/Fe の $E°$ が 1.229 V よりも大きいときにのみ生じる．反応式で導出するならば

   2 Fe^{2+} + 4 e$^-$ → 2 Fe $E°=-0.44$ V
   2 H$_2$O → O$_2$ + 4 H$^+$ + 4 e$^-$ $E°=-1.23$ V

   2 Fe^{2+} + 2 H$_2$O → 2 Fe + O$_2$ + 4 H$^+$，$E°=-1.67$ V
となり，Fe^{2+} は H$_2$O を酸化しない．(Fe^{3+} でもしない)
参照：Fe^{3+}/Fe^{2+}($E°=0.77$ V)，Fe^{3+}/Fe($E°=0.33$ V)
9. K–F 結合が完全にイオン結合であるとすると，双極子モーメントは
$$\mu(\text{KF}) = 1.602\times10^{-19}\times0.267\times10^{-9} = 4.277\times10^{-29} \text{ C m}$$
$$= 12.8 \text{ D}$$
イオン性 $= 7.3/12.8 = 0.570$ 57.0%

第4章

1. $-1\,123 = 148 + 80 + 738 + 1\,450 - 328 + U$
$$U = -3\,211 \text{ kJ mol}^{-1}$$

2.
$$E = \frac{2\times 2\times 6.0221\times10^{23}\times 1.7476\times(1.6022\times10^{-19})^2}{4\times 3.1416\times 8.8542\times10^{-12}\times 0.210\times10^{-9}}$$
$$\times\left(\frac{1}{7}-1\right) = -3.96\times10^6 \text{ J mol}^{-1} = -3\,960 \text{ kJ mol}^{-1}$$

3.
$$E = \frac{6.0221\times10^{23}\times 1.7476\times(1.6022\times10^{-19})^2}{4\times 3.1416\times 8.8542\times10^{-12}\times 0.353\times10^{-9}}\left(\frac{1}{11}-1\right)$$
$$= -625 \text{ kJ mol}^{-1}$$
ボルン・ハーバーサイクルより
$$-329.8 = 90.7 + 106 + 416.3 + \Delta H_{\text{EA}} - 625$$
$$\Delta H_{\text{EA}} = -318 \text{ kJ mol}^{-1}$$

4. 前問と同様に NaI の格子エネルギーを求める．
$$U = -642.3 \text{ kJ mol}^{-1}$$
ボルン・ハーバーサイクルより
$$\Delta H_{\text{f}}(\text{NaI}) = 108 + 106 + 495 - 318 - 642.3 = 252 \text{ kJ mol}^{-1}$$

第5章

1. 式 (5.3) に，ド・ブロイの式 $\lambda = h/mv$ を代入すると得られる．
2. H$_2^+$ の分子軌道の電子配置 $(\sigma_{1s})^1$ で，H$_2^-$ のそれは $(\sigma_{1s})^2(\sigma^*_{1s})^1$

結合次数はそれぞれ，$1/2$，$(2-1)/2 = 1/2$ となり，ともに $1/2$ である．

3. O$_2$ の分子軌道の電子配置図は図 5.23 に与えられているので，これを用いると，結合次数は
$$\text{O}_2^+ = (6-1)/2 = 2.5, \quad \text{O}_2 = (6-2)/2 = 2.0,$$
$$\text{O}_2^- = (6-3)/2 = 1.5, \quad \text{O}_2^{2-} = (6-4)/2 = 1$$
となり，結合強度は O$_2^+$, O$_2$, O$_2^-$, O$_2^{2-}$ の順に弱くなる．

4. N$_2$ の結合次数は 3 で，1個電子を取り去ると結合次数は 2.5 となるため，強度は弱くなり，結合距離は長くなる．一方，O$_2$ の結合次数は 2.0 であるが，1個電子を取り去ると 2.5 となり（前問参照），強度は強く，結合距離も短くなる．

5. N 原子は O 原子より 2p 電子が 1 個少ない原子である．したがって，NO 分子の電子の総数は O$_2$ 分子より 1 個少ない分子である．それゆえ，電子は位置的には O$_2^+$ に相当することになり，結合次数は 2.5 となる．

第6章

1. 1) 硝酸銀と反応すると，対陰イオンが Cl$^-$ である配位溶液からは AgCl が沈殿してくる．
2) 溶液の電気伝導度を測定すると，イオン対配位化合物 ([Co(NH$_3$)$_6$][Co(NO$_2$)$_6$]) の電気伝導度の方が高い．

2. 単座配位子の場合に，金属–配位原子の結合が切れると，配位子は金属から遠ざかる．これに対して，多座配位子では，1本の金属–配位原子の結合が切れても，残りの金属–配位原子の結合が保持されていれば，再び配位結合する可能性が高くなる．

3. これら配位分子の構造は [Co(NH$_3$)$_6$]Cl$_3$，[CoCl(NH$_3$)$_5$]Cl$_2$，[CoCl$_2$(NH$_3$)$_4$]Cl であり，配位分子内のアンモニアの数が少なくなり，塩素イオンが増えると，分光化学系列から Δ_0 が小さくなるため，色の原因となる遷移エネルギーが減少し，吸収が長波長側にずれていくために，上記のように色が変化する．

4. 1) sp^3, 四面体型, 0.0 μ_B 2) sp^3, 四面体型, 0.0 μ_B 3) sp^{3}d^2, 八面体型, 4.90 μ_B 4) d^{2}sp^3, 八面体型, 1.73 μ_B 5) sp^{3}d^2, 八面体型, 5.92 μ_B 6) d^{2}sp^3, 八面体型, 0.0 μ_B

5. Fe^{2+}(3d^6)

   3d^6 の高スピン状態   3d^6 の低スピン状態

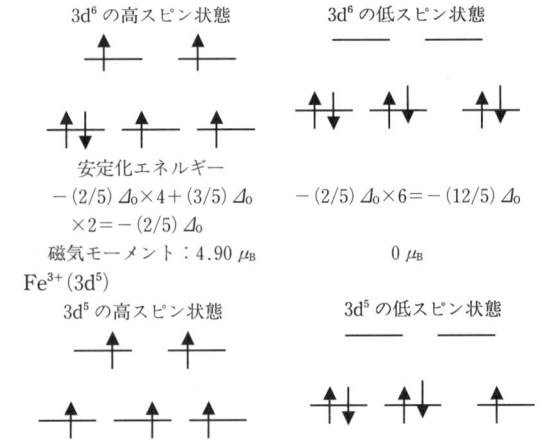

   安定化エネルギー
   $-(2/5)\Delta_0\times 4 + (3/5)\Delta_0$ $-(2/5)\Delta_0\times 6 = -(12/5)\Delta_0$
   $\times 2 = -(2/5)\Delta_0$

   磁気モーメント：4.90 μ_B 0 μ_B

   Fe^{3+}(3d^5)

   3d^5 の高スピン状態   3d^5 の低スピン状態

安定化エネルギー
$-(2/5)\Delta_0 \times 3 + (3/5)\Delta_0 \times 2$ $-(2/5)\Delta_0 \times 5 = -2\Delta_0$
$= 0$

磁気モーメント：$5.92\,\mu_B$ $1.73\,\mu_B$

この Fe イオンは $4.90\,\mu_B$ であるから，Fe^{2+} の高スピン状態である．

6. Fe^{2+} の電子配置は $3d^6$ で，高スピン型配置と低スピン型配置図を下図に示す．$[Fe(H_2O)_6]^{2+}$ の場合は $\Delta_0 < B$ であるので，高スピン配置をとる．それゆえ，$(t_{2g})^4(e_g)^2$ となり，不対電子が 4 個存在するため，常磁性を示す．$[Fe(CN)_6]^{4-}$ の場合は，$\Delta_0 > B$ であり，低スピン配置をとる．このため，$(t_{2g})^6$ となり，すべての電子が対を形成するため反磁性を示す．

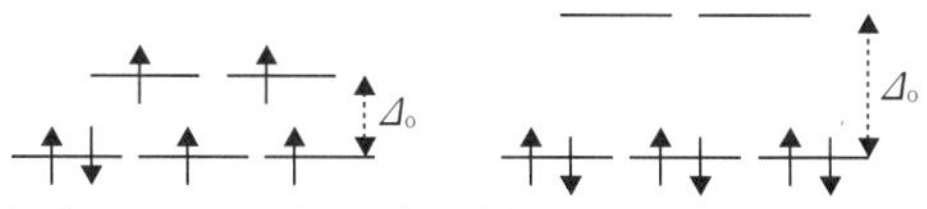

(a) 高スピン配置（$\Delta_0 < B$）   (b) 低スピン配置（$\Delta_0 > B$）

7. Cu^{2+} 錯体での磁気モーメントはスピンのみの値として $1.73\,\mu_B$ である．二量体構造をもつ銅イオン間に反強磁性的相互作用が働くと，各銅イオン上の不対電子による磁気モーメントが相殺されるので，磁気モーメントの値は減少する．

第 7 章

1. 省略（本文参照）

2. 式 (7.3) より
$\exp(-E_F/kT)/\{1+\exp(-E_F/kT)\}$
$= 1/\{1+\exp[(E_g-E_F)/kT]\}$
$\exp(-E_F/kT)\{1+\exp[(E_g-E_F)/kT]\}$
$= 1+\exp(-E_F/kT)$
$\exp(-E_F/kT) = \exp[(E_g-E_F)/kT]$
$E_F = E_g - E_F$ ゆえに $E_F = E_g/2$ の関係が得られる．

3. n 型には P や As を添加する．また p 型には Al や Ga を添加すればよい．

4. $R = 2.66 \times 500/(2 \times 10^{-6}) = 6.65\,\Omega$
伝導度は 0.150 S

5. 25℃ と 50℃ の伝導度をそれぞれ σ_1 と σ_2 とすると，
$$\ln\sigma_2 - \ln\sigma_1 = -\frac{\Delta H}{R}\left(\frac{1}{323} - \frac{1}{298}\right)$$
$\log(\sigma_2/\sigma_1) = 1.358$ ゆえに $\sigma_2/\sigma_1 = 22.8$ 22.8 倍

第 8 章

1. 1) 1 個   2) 2 個   3) 4 個

2. 1) 4 個ずつ存在する．
2) $\{4 \times (65.4 + 78.96)\}/6.022 \times 10^{23} = 9.589 \times 10^{-22}$ g
3) 体積＝質量／密度＝$9.589 \times 10^{-22}/5.42$
 $= 1.769 \times 10^{-22}$ cm^3
4) 1 辺の長さ＝（体積）$^{1/3} = 5.615 \times 10^{-8}$ cm

3. 1) 4 個   2) 9.235×10^{-23} cm^3
3) $1.45 \times 9.235 \times 10^{-23} = 1.339 \times 10^{-22}$ g
4) $1.339 \times 10^{-22} \times 6.022 \times 10^{23}/4 = 20.2$

4. 単位格子中に存在する銅の質量
$$4 \times 63.55/(6.022 \times 10^{23}) = 4.221 \times 10^{-22}\,\text{g}$$
したがって，単位格子の体積は
$$4.221 \times 10^{-22}/8.95 = 4.716 \times 10^{-23}\,\text{cm}^3$$
単位格子の 1 辺の長さ 3.613×10^{-8} cm
面心格子では原子の半径 r と格子の 1 辺 a は $4r = a\sqrt{2}$ の関係があるから，
$$r = a\sqrt{2}/4 = 1.28 \times 10^{-8}\,\text{cm}$$

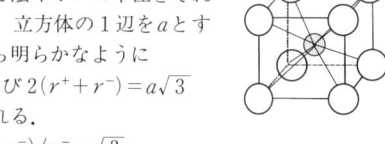

5. 陽イオンと陰イオンの半径をそれぞれ r^+ と r^-，立方体の 1 辺を a とすると，右図から明らかなように
$2r^- = a$ および $2(r^+ + r^-) = a\sqrt{3}$
の関係が得られる．
$(r^+ + r^-)/r^- = \sqrt{3}$
$r^+/r^- = 0.732$

第 9 章

1. 1) $^{13}_{7}N$ 2) $^{1}_{1}p$ 3) $^{12}_{6}C$ 4) $^{1}_{0}n$ 5) $^{1}_{0}n$ 6) $^{2}_{1}H$ 7) $^{0}_{-1}e$
8) $^{0}_{-1}e$

2. 質量数とともに大きくなって 8.7 MeV を最大にして，あとは 8 MeV でほぼ一定．

3. $E = 200 \times 10^6 \times 1.6022 \times 10^{-19} = 3.2044 \times 10^{-11}$ J
$\Delta m = 3.2044 \times 10^{-11}/(1.66054 \times 10^{-27} \times 2.998 \times 10^8)$
$= 0.217$ amu

4. 中性子 1 個のエネルギーは 5 MeV/2.5 = 2.0 MeV
中性子質量 $m = 1.008665 \times 1.66054 \times 10^{-27}$
$= 1.6798 \times 10^{-27}$ kg
$1.6798 \times 10^{-27} \times v^2/2 = 2.0 \times 10^6 \times 1.6022 \times 10^{-19}$
$\therefore v = 1.95 \times 10^7$ m s^{-1}

5. $(23.985 \times 0.7899) + (24.986 \times 0.1000)$
 $+ (25.9826 \times 0.1101) = 24.305$ よって 24.31

6. 1) $^{206}_{82}Pb$ 2) $^{207}_{82}Pb$ 3) $^{208}_{82}Pb$ 4) $^{208}_{83}Bi$

索　引

（あ　行）

アインシュタイン　11, 128
亜鉛華　33
亜鉛族元素　27, 32
アクアマリン　32
アクセプター準位　109
アクチニウム系列　130
アクチノイド　46
アクチノイド系列　29
アクチノイド収縮　47
圧電体　35
アナターゼ　41, 122
アマルガム　33
アルカリ金属　30
アルカリ元素　27
アルカリ土類金属　31
アルカリ土類元素　27
アルミナ　34
アルミニウム族　34
安定化エネルギー　80
安定化ジルコニア　41
アンモニア　89
アンモニウムミョウバン　44

イオン化エネルギー　50, 64
イオン化傾向　56
イオン化ポテンシャル　50
イオン結合　63
イオン結合性　61
イオン-双極子　69
イオン-双極子力　69
イオン半径　48, 50
イオン分極　59
イソポリ酸　43
イタイイタイ病　33
一次電池　57
1族元素　30
陰極線　12

ウェーバ　21
ウラン系列　130
ウルツ鉱型構造　121
運動エネルギー　1, 2
運動量　11

永久双極子モーメント　58

液晶表示　35
エネルギー　1
エネルギー保存則　3
エメラルド　32
エルグ　5
エンタルピー変化　52

黄銅　33
黄リン　37
オキソ酸　38
オクテット則　72
重い元素　46

（か　行）

回折　9
外部軌道配位　92
解離エネルギー　64
角運動量　15, 19, 21
核種　125
核燃料　133
角波動関数　76
核反応　132
核分裂　132
核分裂片　132
核融合　133
核力　126
重なり密度　80
可視光線　9
活性化エネルギー　109
活量　56
価電子　29
価電子帯　105
カーボンナノチューブ　36
カリウムミョウバン　44
カルコゲン　37
カロリー　5
岩塩型構造　119
還元　54

規格化　75
規格化条件　74
希ガス　38
希ガス元素　28
気体定数　6
基底状態　26
軌道エネルギー　24
軌道角運動量量子数　18

希土類元素　40
ギブズエネルギー　55
基本単位　4
逆バイアス　110
逆蛍石型構造　121
9族元素　43
キュリー温度　101
キュリー夫妻　124
強磁性　99, 101
共鳴エネルギー　54
共有結合　72
共有半径　48
キレート化合物　91
禁制帯　107

空間格子　112
空間分極　59
屈折　9
グラファイト　36
クリストバライト　120
クロム族　42
クーロン　6
　——の法則　6

形状記憶合金　41
軽水素　126
結合エネルギー　64
結合軌道　80
結合次数　72, 84
結合のイオン性　54
結晶化エネルギー　65
結晶場安定化エネルギー　42, 95
結晶場分裂エネルギー　94
結晶場理論　93
原子価　34
原子核　12
　——の寿命　130
原子価電子　29
原子軌道の一次結合　79
原子質量単位　127
原子半径　48
原子番号　124
原子量　127
原子力発電　132

光子　10
格子エネルギー　64, 66

格子定数 112
格子点 112
高スピン 96
高速増殖（原子）炉 133, 134
光速度 9
光電効果 10
光電子 10
五塩化リン 90
黒鉛 36
国際単位系 3
黒リン 37
5族元素 41
固体電解質 41
固体レーザー 40
コバルト族 43
固有関数 75
固有値 75
孤立電子対 89
混成化 87
混成軌道 87

（さ行）

最外殻電子配置 38
歳差運動 20
錯体 91
酸化 54
酸化還元反応 55
酸化状態 34
酸化数 34
酸化チタン 41
酸化マグネシウム 32
三重水素 126
3族元素 40
酸素族元素 27, 37
三フッ化ホウ素 88

紫外線 9
磁化率 100
磁気回転比 100
磁気モーメント 20, 21, 100
磁気量子数 19, 20
仕事関数 10
仕事量 1
磁子 19
シスプラチン 44
7族元素 43
実用電池 57
質量欠損 128
質量数 124
自発核分裂 126
ジーメンス 108
四面体型配位 97
シャノン 50
遮へい 24

遮へい効果 24, 47
遮へい定数 25
11族元素 45
自由エネルギー 2
周期 27
周期表 27, 28
15族元素 36
13族元素 34
17族元素 38
重水原子炉 133
重水素 126
10族元素 43
ジュウテリウム 126
自由電子 104
充填率 114
12族元素 32
18族元素 38
14族元素 35
重力エネルギー 1, 2
16族元素 37
縮退 81
主遷移元素 28, 39
主量子数 16
ジュール 4
シュレーディンガー波動方程式 73
順バイアス 110
昇華エネルギー 64
笑気ガス 37
硝酸カリウム 31
常磁性 39, 99, 101
状態関数 74
ジルコニア 41
真空の誘電率 7, 60
真性半導体 107
真鍮 33
振動数 8
振幅 9

水素 29, 75
水素化物 29
水素結合 70
水和 69
水和酸化物 42
スカンジウム族 40
ステンレス鋼 42
スピン 21, 100
スピン角運動量 21
スピン磁気量子数 22
スピン量子数 21
スレーターの規則 25, 50, 51

制がん剤 44
生体材料 40, 44

静電エネルギー 65, 66
静電単位 6
静電力 3
赤外線 9
赤リン 37
ゼーマン効果 19
セラミックスチール 41
セラミック超伝導体 45
セン亜鉛鉱 118
セン亜鉛鉱型構造 120
遷移元素 39
線スペクトル 13

双極子-双極子 70
双極子-双極子相互作用 70
双極子分極 59
双極子モーメント 54, 58, 61
相対原子質量 127
族 27
素粒子 125
ゾンマーフェルト 17

（た行）

第一遷移元素 28, 39
第一内遷移系列 46
ダイオード 109
対角線の関係 32
耐火レンガ 32
第三遷移元素 28, 40
体心立方格子 113
第二遷移元素 28, 39
第二内遷移系列 46
ダイヤモンド 36
ダイヤモンド型構造 120
太陽電池 35, 57, 110
楕円軌道 17
多核配位化合物 91
多形 122
多座配位子 91
多電子原子 24
ダニエル電池 56
単位格子 48, 112
炭酸水素ナトリウム 31
炭酸ナトリウム 31
炭酸リチウム 31
単純立方格子 113
炭素族 35
炭素族元素 27, 35

チタン族 40
窒素族 36
窒素族元素 27, 36
チャドウィック 125
中性子 124

索　引

中性微子　129
超ウラン元素　46, 47
超伝導　35
超伝導体　33

定常状態　14
定常波　73
低スピン　97
鉄ガーネット　102
鉄族　43, 44
デバイ単位　59
電気陰性度　53
電気エネルギー　1, 2
電気感受率　60
電気伝導率　108
典型元素　29
電子　12
　——の存在確率　77
　——の二重性　11
電子雲　78
電子親和力　52, 64
電子対形成エネルギー　97
電磁波　8
電子配置　24
電子分極　59
電子ボルト　5
伝導帯　105

同位体　125
動径波動関数　76
銅族　45
同族元素　27
同素体　36
透明電極材料　35
トタン　33
ドナー準位　109
ド・ブロイの式　11
ド・ブロイ波長　11
トムソン　12
トリウム系列　130
トリチウム　126

(な 行)

内部軌道配位　92
内(部)遷移元素　28, 45

二次電池　57
2族元素　31
ニッカド電池　33
ニッケル族　43
ニュートリノ　3
ニュートン　4

熱中性子　133

ネプツニウム系列　130
ネルンストの式　56
燃料電池　30, 57

ノックス　37

(は 行)

配位化合物　43, 91
配位結合　91
配位子　91
配位子場安定化エネルギー　95
配位数　91, 113
配向分極　59
ハイゼンベルグ　73
パウリの排他律　26
白銅　45
波数　10
8族元素　43
八面体型6配位　93
八面体配置　94
波長　8
白金黒　45
白金族元素　43
発光ダイオード　35
パッシェン系列　13
波動関数　73
　水素原子の——　77
バナジウム族　41
ハネイ・スミスの式　54
バルマー　13
バルマー系列　13
ハロゲン　38
ハロゲン元素　28, 38
反強磁性　99, 101
半金属　29
反結合軌道　80
半減期　131
反磁性　99
反中性微子　129
半導体　106
バンドギャップ　107
バンド理論　105
反発係数　66

非化学量論性　39
非化学量論組成　44
ヒ化ニッケル型構造　119
光エネルギー　1
光触媒　41
光の波動性　8
光の粒子性　9
光ファイバー　35
非共有電子対　89
非金属　29

非結合　82
非結合性軌道　82
比質量欠損　128
比伝導度　108
113番元素　28
比誘電率　60
標準電極電位　56
表面電荷密度　60

ファン・デル・ワールス力　70
フェライト　102
フェリ磁性　99, 101
フェルミ準位　106
フェルミ分布　106
不確定性原理　73
不活性ガス　38
不活性電子対効果　34
不均化反応　41
不純物半導体　107
物質波　11
不働態　40
ブラッグの式　49
フラーレン　36
プランク定数　10
ブリキ　33
プルサーマル計画　134
ブルッカイト　122
ブレンステッド　92
プロチウム　126
ブロンズ　45
分極　58
分極現象　59
分光化学系列　94
分散力　70
分子間力　69
分子軌道　79
　HFの——　85
　O_2の——　84
フントの規則　26

閉殻　26, 38
平行板コンデンサー　60
平面四配位　98
ヘスの法則　65
ヘテロポリ酸　43
ヘモグロビン　44
ベリル　32
ペロブスカイト型構造　122
変態　122

ボーア　14
　——の円軌道　15
　——の振動数条件　14
ボーア磁子　19, 100

ボーア半径 15
方位量子数 18
崩壊系列 130
崩壊図式 130
崩壊定数 130
放射性核種の変位則 130
放射線の単位 130
放射線の被曝 131
ホウ素族元素 27
蛍石型構造 121
ポテンシャルエネルギー 2
ポテンシャルの井戸 74
ポリ酸塩 43
ポーリング 54, 87
　——の式 54
　——の電気陰性度 53
ボルンの指数 66
ボルン・ハーバーサイクル 63, 65
ボルン・ランデの式 68

(ま 行)

マーデルング定数 67
マンガン族 43

水 89
水俣病 33
ミリカン 12

無定形炭素 36

メタロイド 29
メタン 89
メートル 4
面格子 112
面心立方格子 113

(や 行)

ヤン・テラー効果 99

誘起双極子モーメント 58
有効核電荷 25
有効電荷 51
誘電体 58
誘電率 59
誘導単位 4

陽子 124
陽電子 129
4 族元素 40

4 配位位置 117

(ら 行)

ライマン系列 13
ラザフォード 12, 124
ランタノイド 46
ランタノイド系列 28
ランタノイド収縮 46

立方最密充填 113
リュードベリ定数 14, 17
量子化 10
量子化条件 15
緑柱石 32
臨界温度 45
臨界半径比 118

ルイス 72
ルイス酸 39, 92
ルイス塩基 92
ルチル 122
ルチル型構造 122

励起状態 26, 88

6 族元素 42
6 配位位置 117
六フッ化硫黄 90
六方格子 114
六方最密充填 114
ローリー 92
ロンドン力 71

(欧 文)

α 崩壊 129
α 粒子 12, 129
α-ZnS 型構造 121
β^+ 崩壊 129
β^- 崩壊 129
β-ZnS 型構造 120
γ 崩壊 129
π 軌道 81
π 中間子 126
σ 軌道 81

$BeCl_2$ 88

CaF_2 型構造 121
$CaTiO_3$ 型構造 122
ccp 113

CdI_2 型構造 121
CFSE 95

d 軌道 18, 78
d ブロック元素 28, 39
d-d 遷移 96

e 軌道 97
e_g 軌道 94
EC 崩壊 130

f 軌道 18
f ブロック元素 45
fcc 113

hcp 114

ITO 35

K 殻 16

L 殻 16

M 殻 16
MOX 134

N 殻 16
NaCl 型構造 119
NiAs 型構造 119

p 軌道 18, 78
p ブロック元素 27, 34

s 軌道 18, 77
s ブロック元素 27, 29
SI 接頭語 4
sp 混成軌道 88
sp^2 混成軌道 88
sp^3 混成軌道 89
sp^3d 混成軌道 90
sp^3d^2 混成軌道 90

t_2 軌道 97
t_{2g} 軌道 94
TiO_2 型構造 122

X 線回折法 49

YAG 40

著者略歴

山村　博
1942年　石川県に生まれる
現　在　神奈川大学工学部物質生命化学科教授
　　　　理学博士

門間英毅
1942年　神奈川県に生まれる
現　在　工学院大学工学部マテリアル科学科教授
　　　　工学博士

高山俊夫
1942年　東京都に生まれる
現　在　神奈川大学工学部物質生命化学科専任講師
　　　　工学博士

基礎からの無機化学　　　　　　　　　定価はカバーに表示

2006年 3月 5日　初版第 1 刷
2019年 2月 1日　　　第11刷

著　者　山　村　　　博
　　　　門　間　英　毅
　　　　高　山　俊　夫
発行者　朝　倉　誠　造
発行所　株式会社　朝　倉　書　店
東京都新宿区新小川町6-29
郵便番号 162-8707
電　話 03(3260)0141
FAX 03(3260)0180
http://www.asakura.co.jp

〈検印省略〉

© 2006 〈無断複写・転載を禁ず〉　　　Printed in Korea

ISBN 978-4-254-14075-0　C 3043

好評の事典・辞典・ハンドブック

脳科学大事典	甘利俊一ほか 編	B5判 1032頁
視覚情報処理ハンドブック	日本視覚学会 編	B5判 676頁
形の科学百科事典	形の科学会 編	B5判 916頁
紙の文化事典	尾鍋史彦ほか 編	A5判 592頁
科学大博物館	橋本毅彦ほか 監訳	A5判 852頁
人間の許容限界事典	山崎昌廣ほか 編	B5判 1032頁
法則の辞典	山崎 昶 編著	A5判 504頁
オックスフォード科学辞典	山崎 昶 訳	B5判 936頁
カラー図説 理科の辞典	山崎 昶 編訳	A4変判 260頁
デザイン事典	日本デザイン学会 編	B5判 756頁
文化財科学の事典	馬淵久夫ほか 編	A5判 536頁
感情と思考の科学事典	北村英哉ほか 編	A5判 484頁
祭り・芸能・行事大辞典	小島美子ほか 監修	B5判 2228頁
言語の事典	中島平三 編	B5判 760頁
王朝文化辞典	山口明穂ほか 編	B5判 616頁
計量国語学事典	計量国語学会 編	A5判 448頁
現代心理学［理論］事典	中島義明 編	A5判 836頁
心理学総合事典	佐藤達也ほか 編	B5判 792頁
郷土史大辞典	歴史学会 編	B5判 1972頁
日本古代史事典	阿部 猛 編	A5判 768頁
日本中世史事典	阿部 猛ほか 編	A5判 920頁

価格・概要等は小社ホームページをご覧ください．

4桁の原子量表

原子番号	元素名	元素記号	原子量	原子番号	元素名	元素記号	原子量
1	水素	H	1.008	53	ヨウ素	I	126.9
2	ヘリウム	He	4.003	54	キセノン	Xe	131.3
3	リチウム	Li	6.941	55	セシウム	Cs	132.9
4	ベリリウム	Be	9.012	56	バリウム	Ba	137.3
5	ホウ素	B	10.81	57	ランタン	La	138.9
6	炭素	C	12.01	58	セリウム	Ce	140.1
7	窒素	N	14.01	59	プラセオジム	Pr	140.9
8	酸素	O	16.00	60	ネオジム	Nd	144.2
9	フッ素	F	19.00	61	プロメチウム	Pm	(145)
10	ネオン	Ne	20.18	62	サマリウム	Sm	150.4
11	ナトリウム	Na	22.99	63	ユウロピウム	Eu	152.0
12	マグネシウム	Mg	24.31	64	ガドリニウム	Gd	157.3
13	アルミニウム	Al	26.98	65	テルビウム	Tb	158.9
14	ケイ素	Si	28.09	66	ジスプロシウム	Dy	162.5
15	リン	P	30.97	67	ホルミウム	Ho	164.9
16	硫黄	S	32.07	68	エルビウム	Er	167.3
17	塩素	Cl	35.45	69	ツリウム	Tm	168.9
18	アルゴン	Ar	39.95	70	イッテルビウム	Yb	173.0
19	カリウム	K	39.10	71	ルテチウム	Lu	175.0
20	カルシウム	Ca	40.08	72	ハフニウム	Hf	178.5
21	スカンジウム	Sc	44.96	73	タンタル	Ta	180.9
22	チタン	Ti	47.88	74	タングステン	W	183.8
23	バナジウム	V	50.94	75	レニウム	Re	186.2
24	クロム	Cr	52.00	76	オスミウム	Os	190.2
25	マンガン	Mn	54.94	77	イリジウム	Ir	192.2
26	鉄	Fe	55.85	78	白金	Pt	195.1
27	コバルト	Co	58.93	79	金	Au	197.0
28	ニッケル	Ni	58.69	80	水銀	Hg	200.6
29	銅	Cu	63.55	81	タリウム	Tl	204.4
30	亜鉛	Zn	65.39	82	鉛	Pb	207.2
31	ガリウム	Ga	69.72	83	ビスマス	Bi	209.0
32	ゲルマニウム	Ge	72.61	84	ポロニウム	Po	(210)
33	ヒ素	As	74.92	85	アスタチン	At	(210)
34	セレン	Se	78.96	86	ラドン	Rn	(222)
35	臭素	Br	79.90	87	フランシウム	Fr	(223)
36	クリプトン	Kr	83.80	88	ラジウム	Ra	(226)
37	ルビジウム	Rb	85.47	89	アクチニウム	Ac	(227)
38	ストロンチウム	Sr	87.62	90	トリウム	Th	232.0
39	イットリウム	Y	88.91	91	プロトアクチニウム	Pa	231.0
40	ジルコニウム	Zr	91.22	92	ウラン	U	238.0
41	ニオブ	Nb	92.91	93	ネプツニウム	Np	(237)
42	モリブデン	Mo	95.94	94	プルトニウム	Pu	(239)
43	テクネチウム	Tc	(99)	95	アメリシウム	Am	(243)
44	ルテニウム	Ru	101.1	96	キュリウム	Cm	(247)
45	ロジウム	Rh	102.9	97	バークリウム	Bk	(247)
46	パラジウム	Pd	106.4	98	カリホルニウム	Cf	(252)
47	銀	Ag	107.9	99	アインスタイニウム	Es	(252)
48	カドミウム	Cd	112.4	100	フェルミウム	Fm	(257)
49	インジウム	In	114.8	101	メンデレビウム	Md	(256)
50	スズ	Sn	118.7	102	ノーベリウム	No	(259)
51	アンチモン	Sb	121.8	103	ローレンシウム	Lr	(260)
52	テルル	Te	127.6				

^{12}C の相対原子質量＝12．安定同位体がない元素については，代表的な放射性同位体の中の一種の質量数を括弧の中に示す．
出典：日本化学会　原子量小委員会

元素の周期表（長周期型）

族\周期	1 (1A)	2 (2A)	3 (3A)	4 (4A)	5 (5A)	6 (6A)	7 (7A)	8 (8)	9 (8)	10 (8)	11 (1B)	12 (2B)	13 (3B)	14 (4B)	15 (5B)	16 (6B)	17 (7B)	18 (0)
1	1H 水素																	2He ヘリウム
2	3Li リチウム	4Be ベリリウム											5B ホウ素	6C 炭素	7N 窒素	8O 酸素	9F フッ素	10Ne ネオン
3	11Na ナトリウム	12Mg マグネシウム											13Al アルミニウム	14Si ケイ素	15P リン	16S 硫黄	17Cl 塩素	18Ar アルゴン
4	19K カリウム	20Ca カルシウム	21Sc スカンジウム	22Ti チタン	23V バナジウム	24Cr クロム	25Mn マンガン	26Fe 鉄	27Co コバルト	28Ni ニッケル	29Cu 銅	30Zn 亜鉛	31Ga ガリウム	32Ge ゲルマニウム	33As ヒ素	34Se セレン	35Br 臭素	36Kr クリプトン
5	37Rb ルビジウム	38Sr ストロンチウム	39Y イットリウム	40Zr ジルコニウム	41Nb ニオブ	42Mo モリブデン	43Tc テクネチウム	44Ru ルテニウム	45Rh ロジウム	46Pd パラジウム	47Ag 銀	48Cd カドミウム	49In インジウム	50Sn スズ	51Sb アンチモン	52Te テルル	53I ヨウ素	54Xe キセノン
6	55Cs セシウム	56Ba バリウム	57La ランタン → 71Lu ルテチウム	72Hf ハフニウム	73Ta タンタル	74W タングステン	75Re レニウム	76Os オスミウム	77Ir イリジウム	78Pt 白金	79Au 金	80Hg 水銀	81Tl タリウム	82Pb 鉛	83Bi ビスマス	84Po ポロニウム	85At アスタチン	86Rn ラドン
7	87Fr フランシウム	88Ra ラジウム	89Ac アクチニウム → 103Lr ローレンシウム	104Rf ラザホージウム	105Db ドブニウム	106Sg シーボーギウム	107Bh ボーリウム	108Hs ハッシウム	109Mt マイトネリウム	110Ds ダームスタチウム	111Uuu ウンウンウニウム	112Uub ウンウンビウム	114Uuq ウンウンクアジウム		116Uuh ウンウンヘキシウム			118Uuo ウンウンオクチウム

ランタノイド

| 57La ランタン | 58Ce セリウム | 59Pr プラセオジム | 60Nd ネオジム | 61Pm プロメチウム | 62Sm サマリウム | 63Eu ユウロピウム | 64Gd ガドリニウム | 65Tb テルビウム | 66Dy ジスプロシウム | 67Ho ホルミウム | 68Er エルビウム | 69Tm ツリウム | 70Yb イッテルビウム | 71Lu ルテチウム |

アクチノイド

| 89Ac アクチニウム | 90Th トリウム | 91Pa プロトアクチニウム | 92U ウラン | 93Np ネプツニウム | 94Pu プルトニウム | 95Am アメリシウム | 96Cm キュリウム | 97Bk バークリウム | 98Cf カリホルニウム | 99Es アインスタイニウム | 100Fm フェルミウム | 101Md メンデレビウム | 102No ノーベリウム | 103Lr ローレンシウム |